上海市工程建设规范

大型泵站设备设施运行标准

Operating standard for equipments and facilities
of the large-scale pumping station

DG/TJ 08—2045—2022
J 11320—2022

主编单位：上海市城市排水有限公司
批准部门：上海市住房和城乡建设管理委员会
施行日期：2023 年 1 月 1 日

U0324166

同济大学出版社

2024 上海

图书在版编目(CIP)数据

大型泵站设备设施运行标准 / 上海市城市排水有限

公司主编.--上海：同济大学出版社，2024.11.

ISBN 978-7-5765-0660-0

Ⅰ. TV675-65

中国国家版本馆 CIP 数据核字第 2024X1B505 号

大型泵站设备设施运行标准

上海市城市排水有限公司　主编

责任编辑　朱　勇

责任校对　徐春莲

封面设计　陈益平

出版发行　同济大学出版社　　www.tongjipress.com.cn

　　　　　（地址：上海市四平路 1239 号　邮编：200092　电话：021－65985622）

经　　销　全国各地新华书店

印　　刷　浦江求真印务有限公司

开　　本　889mm×1194mm　1/32

印　　张　3.5

字　　数　88 000

版　　次　2024 年 11 月第 1 版

印　　次　2024 年 11 月第 1 次印刷

书　　号　ISBN 978-7-5765-0660-0

定　　价　40.00 元

上海市住房和城乡建设管理委员会文件

沪建标定〔2022〕381 号

上海市住房和城乡建设管理委员会
关于批准《大型泵站设备设施运行标准》
为上海市工程建设规范的通知

各有关单位：

由上海市城市排水有限公司主编的《大型泵站设备设施运行标准》，经我委审核，现批准为上海市工程建设规范，统一编号为 DG/TJ 08—2045—2022，自 2023 年 1 月 1 日起实施。原《大型泵站设备设施运行规程》DG/TJ 08—2045—2008 同时废止。

本标准由上海市住房和城乡建设管理委员会负责管理，上海市城市排水有限公司负责解释。

上海市住房和城乡建设管理委员会

2022 年 8 月 11 日

前　言

根据上海市住房和城乡建设管理委员会《关于印发〈2019年上海市工程建设规范、标准设计编制计划〉的通知》(沪建标定〔2018〕753号)要求,由上海市城市排水有限公司会同有关单位对《大型泵站设备设施运行规程》DG/TJ 08—2045—2008进行修订。

本标准共分12章,主要内容包括:总则;术语;基本规定;水泵机组;电气设备;泵站辅助设备;泵站功能系统;环境治理功能设施;泵站自动化控制系统;泵站构筑物;消防与安全;泵站网络与信息安全。

本次修订主要内容有:

1. 结合社会发展需求,补充泵站现场新增和提标的环境治理功能设施设备运行维护要求,如截流设施、调蓄设施、除臭设施、来水简易净化设施等。

2. 补充泵站消防与安全、网络与信息安全相关内容。

3. 统一全文单位、时间段表示和内容编写顺序。

各单位及相关人员在执行本标准过程中,如有意见和建议,请反馈至上海市水务局(地址:上海市江苏路389号;邮编:200042;E-mail:kjfzc@swj. shanghai. gov. cn),上海市城市排水有限公司(地址:上海市宜山路1121号;邮编:200233;E-mail:zhuyi@smsc. sh. cn),上海市建筑建材业市场管理总站(地址:上海市小木桥路683号;邮编:200032;E-mail:shgcbz@163. com),以供今后修订时参考。

主　编　单　位:上海市城市排水有限公司

参　编　单　位:上海城市排水设备制造安装工程有限公司

主要起草人:周 骅 余凯华 戴勇华 应 费 王国强
　　　　　　朱 弋 顾士杰 梁振华 孙玉栋 袁方竹
　　　　　　于伟胜 袁继祖 严晔明 胡先乐 朱 灵
　　　　　　凌伟健
主要审查人:张 欣 张建频 张 惠 王红武 韩晓嫣
　　　　　　袁述时 东 阳

上海市建筑建材业市场管理总站

目　次

Contents

1 总 则

1.0.1 为规范大型泵站设备设施运行,确保泵站设施安全、稳定、持续运行,制定本标准。

1.0.2 本标准适用于城镇排水的大型泵站设备设施运行,包括防汛排水和污水输送功能的大型泵站。

1.0.3 大型泵站设备设施巡查检查、维护保养、故障检修和运行程序,除应符合本标准外,尚应符合国家、行业和本市现行有关标准的规定。

2 术　语

2.0.1　排水泵站　drainage pumping station

污水泵站、雨水泵站和合流污水泵站的总称。

2.0.2　污水泵站　sewage pumping station

分流制排水系统中,提升污水的泵站。

2.0.3　雨水泵站　storm water pumping station

分流制排水系统中,提升雨水的泵站。

2.0.4　合流污水泵站　combined sewage pumping station

合流制排水系统中,提升合流污水的泵站。

2.0.5　大型泵站　large-scale pumping station

设计总排水能力在 15 m^3/s 及以上的排水泵站。

2.0.6　集水井　collecting well

泵站进站水源的集中盛放池,又称前池。

2.0.7　出水井　effluent well

泵站的出水盛放池,一般分为压力井和高位井两种类型,压力井顶板开口应用耐压材料封盖。

2.0.8　水泵机组　pump sets

由水泵、电动机组、进出水管道、进出水闸阀及其他辅助系统组成的设备。

2.0.9　环境治理功能设施　environmental governance facilities

为市政泵站功能转型,强化水环境保护功能而增设或提标的功能性设施。

2.0.10　调蓄池　detention tank

以控制城镇径流污染为主要功能,用于储存初期雨水的蓄水池。

2.0.11 格栅 grid

　　拦截水中较大尺寸的漂浮物或其他杂物的装置。

2.0.12 格栅除污机 grid cleaning machine

　　用机械的方法将格栅截留的栅渣清捞出集水井的设备。

3 基本规定

3.0.1 大型泵站管理单位应提前编制泵站生产方案,并宜结合运行效果和社会需求,每年对生产方案进行调整。

3.0.2 大型泵站管理单位每年应制订泵机等主体设备的检维修计划,并组织监督计划落实情况。

3.0.3 大型泵站管理单位每年汛期前应对泵站的自身防汛设施进行检查、维护。

3.0.4 大型泵站现场应设立台账,记录泵站生产、泵机运行、检维修记录、清淤记录及其他生产相关事宜。

3.0.5 大型泵站生产、维护应满足国家现行对声、泥、气等环境要素所作的相关规定。

3.0.6 泵站内设置的特种设备、安保设备、计量监测设备等,应根据实际需求每年至少检验 1 次,合格后方可使用。

3.0.7 大型泵站运行除需记录常规台账外,还宜采用计算机信息化管理。

3.0.8 检查维护水泵、闸阀门、管道、集水池、压力井等泵站设备设施时,应采取防硫化氢等有毒有害气体的安全措施。

4 水泵机组

4.1 水　泵

4.1.1　水泵运行的全过程管理应包含水泵运行前检查、水泵启动条件、水泵运行中检查、水泵停车后检查、水泵机组的维护保养和水泵机组的故障检修。

4.1.2　水泵运行前应检查下列内容,如检查中发现存在问题应禁止开泵,并及时处理:

　　1　水泵机组各连接点、水泵和电机油标油位、循环冷却水泵出口压力及泵预警系统是否正常。

　　2　相应机组高低压开关柜电源、相应机组基本控制柜电源和变频装置等设备状态是否正常。

　　3　前池进水闸门和高位井压力井出水闸门状态是否正常。

　　4　启动机组进水闸门状态是否正常。

　　5　蝶阀(如有)状态是否正常。

　　6　如有液压闸门,检查液压站、油泵及储能器、油位、油色及各连接点是否正常。

　　7　检查虹吸系统(如有)工作状态是否正常,对应的真空破坏阀状态是否正常(关闭且连锁有效)。

　　8　轴封机构是否泄漏。

　　9　前池液位是否符合相应机组的启动要求。

4.1.3　水泵启动应满足下列条件:

　　1　冷却风机运行、冷却水电磁阀打开水压正常,电动机加热器停止工作。

　　2　各类型水泵应严格按照相应操作规范开启。

3 机组启动后,基本柜电压表、电流表、功率表、流量、振动、出口压力、转速应正常且无异声。

4 10 min 内机组连续启动不得超过 3 次,每小时不得超过 20 次。

4.1.4 水泵运行中应按下列要求进行检查,发现异常应及时处理:

1 水泵进入正常运行后应每 2 h 巡视检查 1 次,特殊情况应增加检查次数。

2 检查开关柜:包括电压、三项电流是否正常,有无缺相,指示灯显示是否正常。

3 水泵机组检查应包括下列事项:

　　1）机组运行是否平稳,有无异声;电动机、冷却风机运行是否正常。

　　2）电动机温升是否正常,水泵出口压力是否正常。

　　3）运行机组水泵填料函是否存在泄漏。

　　4）振动值是否在规定范围内,振动值按制造厂家的规定要求执行,或按轴向位移允许偏差应在 0.13 mm 范围内,径向位移允许偏差应在 0.1 mm 范围内,振动速度允许偏差应在 10 mm/s 范围内的规定值执行。

4 冷却水系统、液压系统、虹吸系统运行中检查可按本标准第 7 章相关内容执行。

5 控制室模拟屏、工控机或上位机显示水泵、电动机运行数据是否在正常范围内。

6 水泵轴在停止瞬间是否出现惰走及倒转状况(虹吸系统有此现象)。

7 出水拍门、液压闸门关闭时响声是否正常,柔性止回阀闭合是否正常,是否出现倒灌。

8 真空虹吸破坏阀是否可正常开启。

9 水泵停止运行后轴封机构是否有污水渗出。

10 水泵停止运行后及时做好保洁工作,保持机组整洁。

4.1.5 水泵机组维护保养应满足下列要求:

1 水泵的润滑维护保养应符合下列规定:

    1) 水泵、电机累计运转 4 000 h 或 1 年更换润滑油,更换润滑油时使用规定牌号并对油箱进行清洗。

    2) 传动轴中间轴承每 3 个月~5 个月加注规定牌号的钠基脂,每 4 年更换新润滑脂,更换时对轴承进行清洗。

    3) 万向轴十字节每 6 个月加 1 次规定牌号锂基脂,不应使用含有二硫添加剂的油脂。

2 水泵机组及附属设备的维护保养应符合下列规定:

    1) 水泵机组各部连接螺栓紧固良好、无松动。

    2) 弹性联轴器的轴间间隙符合技术要求,刚性联轴器紧固良好、无松动。

    3) 及时清除轴封机构积水和污垢,每 3 个月~5 个月更换轴封机构填料。

    4) 水泵机组每 8 h 进行清洁保养,无积灰、无油垢和锈迹,铭牌完整清晰。

    5) 对不经常运行的水泵机组定期进行试车,每 2 周试车 1 次,试车时间宜为 15 min。

    6) 在汛期前进行拍门检查,检查内容包括门销是否正常灵活、门框螺栓有无松动。

4.1.6 水泵机组定期检修应满足下列要求:

1 干式离心泵的定期检修间隔时间为水泵累计运行达 4 000 h 或距上次检修已 36 个月。

2 干式轴流泵的定期检修间隔时间为水泵累计运行达 3 000 h 或距上次检修已 48 个月。

3 潜水离心泵的定期检修间隔时间为水泵累计运行达 4 000 h 或距上次检修已 12 个月。

4 潜水轴流泵的定期检修间隔时间为水泵累计运行达

3 000 h 或距上次检修已 18 个月。

5 水泵定期检修时将水泵全部解体。

6 轴封机构在检修前,更换填料后仍有大量水泄漏时,对轴封机构进行整修。轴承及填料箱、轴承盖与泵轴的径向间隙均匀,最小间隙一般允许偏差在 2 mm 范围内。

7 水泵的橡胶轴承表面平整,无裂纹和脱壳等缺陷,润滑水沟清晰。

8 传动轴及轴承,轴承与轴的配合采用基孔制。轴承尺寸公差和旋转精度的数值按现行国家标准《滚动轴承 向心轴承公差》GB/T 307.1 的规定执行。检查轴承的径向游隙和轴向游隙符合现行国家标准《滚动轴承 游隙 第 1 部分:向心轴承的径向游隙》GB/T 4604.1 和《滚动轴承 游隙 第 2 部分:四点接触球轴承的轴向游隙》GB/T 4604.2 的规定。滚动轴承的内外圈无剥落、无严重磨损;内外圈表面均无裂纹,滚珠无磨损,保持架无严重变形,转动时无异常杂音和振动,停止时应逐渐缓慢停下。

9 蜗壳式离心泵、混流泵叶轮密封环与蜗壳进口密封环安装间隙允许偏差应在 3 mm 范围内,宜为 0.6 mm～1.3 mm (1 200 mm～1 600 mm 泵径);如超规定,则予以检修或更换密封。

10 叶轮与转轮室的间隙符合设计要求,按实际情况一般加大 0 mm～0.8 mm,间隙允许偏差应在 ±20% 内;如超过上述标准,应予以检修或更换叶轮。

11 当水泵发生气蚀,流道、叶片、导叶等磨损超过出厂标准规定时,应予以整修或更换。

12 检修人员进入工作场所前,先测定气体(甲烷、硫化氢等)浓度,在处于安全标准情况下方可进入,检修过程中随身携带测定仪并保持空间处于完全通风状态。

13 水泵定期检修后提供下述资料,并按本标准附录 A 格式填写"设备检修维护表":

1) 水泵基座水平度测量记录(蜗壳式混流泵测量上平面水平度)。

2）电动机座水平度测量记录。

3）电动机座同心度测量记录。

4）水泵的叶片间隙测量记录。

5）电动机摆度测量记录。

6）电动机电气试验记录。

7）水泵机组运行的振动值测量记录。

8）水泵定期检修的验收报告。

4.2 电动机

4.2.1 电动机生产的全过程管理应包含电动机组的巡视检查、电动机运行前检查、电动机启动要求、电动机运行过程中的注意事项及电动机的维护与保养。

4.2.2 电动机需例行巡视检查，正常状态应符合下列要求，如存在问题，应及时整改：

1 泵站所有电动机设备名称、编号、铭牌应齐全，并固定在明显位置，旋转机械应标示出旋转方向。油、气、水管道、闸阀及电气线排等应按规定涂刷明显的颜色标志。滑动轴承或需要显示油位的，应有油面指示计或液位监视器。各种电气设备外壳应可靠接地。

2 停用时间超过 30 d 或者检修后的电动机投入运行前，应先进行试运行。

3 遇有下列情况应增加巡视次数：

1）恶劣天气。

2）设备超过额定负荷或负荷有显著增加时。

3）设备缺陷近期有发展时。

4）新设备或经过检修、改造或长期停用后的设备重新投入运行时。

5）事故跳闸和运行设备有可疑迹象时。

4.2.3 电动机运行前应满足下列要求：

1 检查并测量定子和转子回路对地的绝缘电阻值。测量电动机定子回路的绝缘电阻值，可包括联接在电动机定子回路上不能用隔离开关断开的各种电气设备。绝缘电阻及吸收比应符合现行国家标准《电气装置安装工程　电气设备交接试验标准》GB 50150 的规定；如不符合，应进行干燥处理。

2 绕线式电动机内部应无杂物，滑环与电刷应接触良好，电刷的压力应正常。

3 电动机引出线接头应紧固，接地装置应可靠。

4 轴承润滑油应满足润滑要求，冷却水系统应工作正常。

5 电动机除湿装置（或加热器）电源开关应关闭（自动控制系统除外）。

6 电动机工作的电源电压允许偏差应在额定电压的±10%范围内，长期运行的电动机端电压允许偏差应在额定电压的±5%范围内。

4.2.4 电动机启动应遵循下列要求：

1 电动机设备应按规定的操作步骤进行。

2 电动机启动过程中应监听设备的声音，并注意振动等其他异常情况。如有异常，应立即停止运行并排查故障。

3 投运电动机台数少于装机台数时，应按照均衡运行时长的原则轮换选择投运电动机。

4.2.5 电动机运行中应注意下列事项，如有异常，应立即停止运行并进行排查：

1 电动机运行中应每 2 h 检查 1 次，并对电动机运行参数进行记录；当有特殊要求时，可缩短记录时间。

2 应保持清洁，不得有水滴、油污进入电动机；上下油箱油位、油色、油质应正常，无渗漏现象；冷却水水压及流量信号应正常。

3 电动机的电流不应超过铭牌规定的额定电流，一旦发生超负荷运行,应立即查明原因,并及时采取相应措施。电动机运行时,其三相电流不平衡之差与额定电流之比的允许偏差应在10%范围内。

4 电动机运行中不应有碰擦等杂音。

5 检查轴承发热情况,电动机运行时轴承的允许最高温度不应超过制造厂的规定值。如厂家未作规定,轴承的允许最高温度:滑动轴承为 70℃,滚动轴承为 95℃,弹性金属塑料轴承为65℃。润滑油质应符合要求,冷却设备运行可靠。当电动机各部温度与正常值有很大偏差时,应立即根据仪表记录检查电动机和辅助设备有无不正常运行情况。

6 电动机的散热应良好,冷却系统应正常工作。电动机定子线圈的温升不得超过制造厂规定的允许值。

7 电动机运行时,机座振幅应符合出厂要求。

8 电动机设备的操作、发生的故障及故障处理应详细记录在运行日志上。

4.2.6 电动机维护保养应满足下列要求:

1 在严寒季节,泵站停用期间应排净电动机设备冷却管道内的积水,不用时应对设备采取保温防冻措施。

2 电动机累计运行达 6 000 h～8 000 h 应维护保养 1 次,不经常运行的电动机应每 3 年维护保养 1 次。维护保养应符合下列规定:

1) 清除电动机内部灰尘,测试绕组绝缘,绝缘值应符合现行国家标准《电气装置安装工程 电气设备交接试验标准》GB 50150 的规定。

2) 铁芯硅钢片应整齐,且无松动。

3) 定子、转子绕组槽锲应无松动。绕组引线端焊接应良好,相位、标号应正确清晰。

4) 鼠笼式电动机转子端接环应无松动。

5) 绕线式电动机转子端的绑线应牢固、完整。

6）散热风扇机械紧固情况应良好。

7）应清洗轴承,轴承磨损严重时应更换,并应检查定子与转子的间隙。

8）电动机外壳应完好。

9）电动机维护后应做电气试验。

10）恶劣环境下使用的电动机,维护周期应适当缩短。累计运行达 3 000 h～4 000 h 宜维护保养 1 次,不经常运行的电动机宜每年维护保养 1 次。

4.3 变速箱与机械联接器

4.3.1 变速箱与机械联接器应进行运行前检查和运行中检查。变速箱与机械联接器运行前检查应满足下列要求:

1 应保持清洁,无污物、油迹、锈蚀等。

2 油路联结应不松动、不漏油。

3 进油压力应为 0.1 MPa～0.2 MPa。

4 地脚螺栓应紧固牢靠。

5 轴心线对中应不走动,允许偏差应在 0.2 mm～0.3 mm 范围内。

6 传感器、热电偶、压力表等监控仪表应检查、校正。

7 法兰联结端盖应不松动、不漏油。

8 飞溅润滑油位应在正常范围内。

9 齿面应状况良好,接触斑点应合格,无电蚀胶合、磨损过度现象。

10 润滑油油质分析应合格。

4.3.2 变速箱与机械联接器运行中检查应满足下列要求:

1 应每 4 h 巡视检查 1 次。特殊情况下,应增加检查次数。

2 润滑油物理特征、外观应符合要求。

3 润滑油流量及排油面高低应符合现场指示的技术要求。

4 变速箱振动值应小于 0.04 mm,异常噪声应小于 85 dB(A),最大温升应小于或等于 45℃。

5 油路联结应无松动、漏油现象。

6 油压应在正常范围内。

7 轴封应不漏油。

8 法兰联结端盖应不松动、不漏油。

9 轴承温度、声音应在正常状态。

10 振动应在正常范围内。

11 进、出油温度应在正常范围内。

12 齿面应状况良好,接触斑点应合格,无电蚀胶合、磨损程度过大现象。

13 润滑油油质分析应合格。

14 润滑系统过滤器压差应在正常范围内。

15 润滑系统水冷却器应散热良好、无水垢。

5 电气设备

5.1 变配电站

5.1.1 变配电站常态性巡视检查应满足下列要求：

1 变配电站巡视检查人员应持有电工进网作业许可证。

2 变配电站巡视检查时应保持安全距离，不可跨越防护遮拦。安全距离应符合现行国家标准《电力安全工作规程　发电厂和变电站电气部分》GB 26860 的规定。

3 应预先制定变配电站巡视检查路线，提高设备巡视效率。

4 应定期巡视变配电站，10 kV 以上变配电站每 2 h 巡视1 次，10 kV 及以下变配电站每 4 h 巡视 1 次，各等级变配电站每周夜间熄灯巡视 1 次。巡视时，应对监视、测量数据作详细记录。遇恶劣天气、试运行设备等特殊情况，应增加巡视检查次数。

5 应定期巡视变压器室，35 kV 变压器室每 4 h 巡视 1 次，10 kV 及以下变压器室每 8 h 巡视 1 次，每周夜间熄灯巡视 1 次。应检查变压器运行状况以及变压器室设施状况。

6 母排及接头处示温片、变色漆应形状及颜色正常，母排应无变形、氧化。

7 绝缘瓷瓶外表应无脏污、无裂缝、无破损、无放电痕迹、无异物搭挂。

8 电缆终端连接点应保持清洁，无漏油、脱胶、发热等异常现象，接地完好，固定牢靠。室内电缆沟内应无渗水和积水；电缆桥架应固定牢靠，无严重锈蚀和损坏，桥架内无异物。

9 安全遮拦应固定牢靠，无锈蚀，无非正常移位。

10 避雷器应无击穿或击穿次数未超过规定数值，无裂痕、破损、脏污及放电痕迹。击穿电流显示仪应在正常显示范围。雷电活动后,应增加特殊巡视检查。

11 "四防一通"设施应符合现行国家标准《35 kV～110 kV变电站设计规范》GB 50059 的规定。

12 接地和接零装置连接处应无松动、损伤或断线,螺栓紧固,腐蚀状况良好。

13 配电装置运行状态应满足运行要求,指示器和设备状态显示器应工作正常。保养检修设备时应挂"有人工作、禁止合闸"警告牌,保养检修时带电与不带电设备应有明显的区分标志,临时接地线装接时应有醒目的提示牌。

14 模拟屏、工控机或上位机显示状态应与变配电装置的实际运行状态相符。

15 直流屏内充电、浮充电装置应工作正常,无异响,无超温,备用电池无单节电压过低或过高现象。

16 各类装置应工作正常,设备完好,应急照明和备用通风机均能及时、可靠地投入工作。

17 设有六氟化硫(SF_6)气体报警的装置应显示正常,无示警。

5.1.2 变配电站定期维护保养应满足下列要求:

1 变配电站清洁保养时应避开带电部位并保持安全距离。

2 变配电站带电设备的保养与变压器、开关柜等设备的保养应同时进行,在工作票上明确维护保养部位和保养要求。

3 变配电站内的设备操作和保养应按现行国家标准《电力安全工作规程 电力线路部分》GB 26859 的规定填写操作票和工作票,2 人以上方可进行。

4 变配电站设备在维护保养中发现问题应及时上报有关部门和上级领导。在汇报前应仔细检查,明确问题发生的原因和部位,并作好详细的记录。

5 变配电站清洁保养应每天至少 1 次,做到无积水、无明显积灰、无油污。清洁范围包括设备外表、工具器材及各类物品存放柜、地坪等。

6 停电进行变配电站运行设备保养,应每 6 个月至少 1 次。设备有缺陷或受过外力、强电流冲击等特殊情况,应增加保养次数。保养时,应清除灰尘、擦净油污、紧固螺栓、调整间距,确保可靠接地。

7 导体联接点应去除氧化物,保证接触面积大于导体截面积的 7 倍,并进行导电防腐处理。

8 防护挡板、遮拦应调整间距、固定牢靠并做好防腐处理。

9 照明及辅助设备应功能齐全、工作可靠。

10 应每年至少 1 次检查变配电站及附属构筑物的避雷线和接地线的接地电阻。应每 5 年至少 1 次检查腐蚀性土壤下的接地体腐蚀程度,并对接地体、接地线和避雷线外表做去腐处理。应每 10 年～15 年对腐蚀严重的接地体、接地线和避雷线进行更换。

11 电气预防性试验:6 kV～10 kV 设备(包括低一级的总开关设备)应每 2 年 1 次,安全用具试验应每半年 1 次;试验项目、正常值和允许误差范围明确,并有试验报告和合格证。

5.1.3 变配电站故障检修应满足下列要求:

1 检修人员接到故障检修任务后应立即赶到故障现场。影响运行、有严重缺陷的设备,应在 2 h 以内解决;不影响运行、有一般缺陷的设备,应在 72 h 以内解决。如遇电网或配件影响等特殊情况,可另行处理。

2 变配电站母排更换应采用相同规格、相同材质、相同绝缘处理的合格材料,并符合原安全距离和机械强度要求,做好导电、防腐处理。

3 变配电站更换的电缆终端应符合原电缆终端的电压等级、机械强度和安装要求,电气试验合格。

4 变配电站更换的绝缘瓷瓶、避雷器的电压等级、规格型号应与原产品相同,电气试验合格。

5 变配电站防护挡板、遮拦及支架修理安装应牢靠,保持原安全距离或国家现行规定的安全距离。

6 变配电站"四防一通"设施修理应严格按国家现行规定执行。

7 变配电站模拟屏等辅助设施修理后应恢复原功能,保证其工作的可靠性。

5.1.4 变配电站故障检修后应对下列内容进行检查:

1 变配电站进出线电缆端口有符合电压等级的绝缘材料进行封闭;电缆铅包有接地线,并焊接牢靠,不得有溢油、烧焦和损坏内部绝缘的迹象;电缆敷设固定可靠,符合国家现行规定的安装距离和安装高度。

2 变配电站支架安装牢固正直,有足够的承载能力和耐腐能力,拆卸简单,安装方便,接地可靠。

3 变配电站绝缘支撑物固定牢靠,符合不同电压等级的要求,无裂缝、无损坏、无变形,瓷质部分无掉釉,符合耐压要求,电气试验合格。

4 变配电站母排规格符合载流要求,连接处的搭接面大于母排宽度,连接处做好防腐处理,并做好色标;相间和相对地安装间隔不得大于国家现行规定的各电压等级安全标准距离,母排支撑距离不得大于国家现行规定的要求,连接螺丝和固定螺丝紧固牢靠。

5 变配电站接地体的材质、规格、埋设深度和间隔距离应符合现行国家标准《电气装置安装工程 接地装置施工及验收规范》GB 50169 的规定。进户点与地面的连接点的接地体有保护管,并用沙石填满;户内接地体固定牢靠,地连接面不小于扁钢接地体宽面的 2 倍或圆形接地体直径的 6 倍,做好色标和外连接点。

6 变配电站有足够亮度的照明装置,配有直接启亮的灯泡和停电的应急照明灯具,安装间距和安装高度符合国家现行规定的要求,照明电源和设备操作电源明确区分,互不影响和干扰。

7 变配电站模拟屏的显示图与变配电站实际安装设备的主接线图相符,在模拟屏上进行设备状态变化的模拟倒闸操作,方便、可靠,显示清楚。

8 检修工具不得遗留在设备内部;应及时拆除临时接地线,避免带接地线送电。

5.2 变压器

5.2.1 变压器常态性巡视检查应满足下列要求:

1 检查人员应熟悉变压器设备的各部件名称及原始工作状态。检查方法可采用目测法、耳听法、鼻嗅法、手触法。

2 变压器巡视检查时,不得跨越和移开遮拦进入危险区域。

3 采用手触法时,不得接近变压器带电导体;如需用手触法测试变压器外表温度,应保持足够的安全距离。

4 不得用手触法触摸运行中变压器消弧线圈的中性点接地装置及接地不良的外壳设备。

5 变压器绝缘等级极限温度应符合变压器生产厂家的出厂标准。

6 变压器一次侧电源为 35 kV 电压,应每 4 h 巡视 1 次;一次侧电源为 10 kV 及以下电压,应每 8 h 巡视检查 1 次。过载运行、试运行和恶劣天气等特殊情况,应增加巡视检查次数。

7 变压器温度计(温度仪)工作正常,变压器超温报警阈值宜设置为 85℃,超温跳闸阈值为 95℃。

8 变压器油位指示应与变压器温度计指示温度相对应,应油色清澈、透明、无悬浮物。

9 变压器呼吸器管道应畅通,干燥剂硅胶吸潮不至饱和状态(即变色)。硅胶干燥时呈白色或天蓝色,吸潮后变黄色或粉红色。

10 变压器防爆管道应无变形,防爆膜完整、无破损或开裂。

11 变压器表面应清洁,无裂纹、破损、放电痕迹、异物搭挂及严重积灰。

12 变压器继电器应充满油,无气体存在。

13 变压器运行时的响声应为正常均匀的"嗡嗡"电磁声,无异常声响。

14 变压器主、附设备螺栓应无松动、无渗漏油、无严重锈蚀。各导体连接螺栓应紧固,接触良好。

15 变压器器身应无变形,接地点接触良好,回油冷却管无严重瘪损和渗漏油。干式变压器绕组应无变色现象,器身下部无绝缘漆垂挂,环氧表面无严重龟裂和放电痕迹。

16 变压器冷却风机应转速正常,通风孔无堵塞,出风量符合变压器冷却要求。水冷出水量应无异常变化,冷却水压力正常,流量正常,无渗漏水现象。

5.2.2 变压器定期维护保养应满足下列要求:

1 应按国家现行规定填写操作票和工作票,2 人以上方可进行,并做好安全防护措施和登高作业保护措施。

2 添加变压器油应在晴好天气进行,并注意变压器实际温度与油位指示温度的对应。试验时间超过 24 h 的变压器油应重做试验。

3 变压器温度计连接管应无刚性弯折和漏气。

4 变压器保养应每 6 个月 1 次,特殊情况应增加维护保养次数;变压器保养应停电进行。

5 变压器干燥剂应采用变色颗粒型防潮硅胶,呼吸器筒内干燥剂硅胶应加装至 2/3 以上,呼吸器底盘内应盛放一定量的变压器油。

6 变压器加油应采用相同品牌、相同型号,并当天(24 h 内)试验合格的变压器油。

7 应在放气栓处放尽箱内瓦斯气体,必要时可在高压瓷瓶处释放。

8 变压器温度计或温度仪修复后使用精度应达到原工作要求。更换部件时,应采用同型号、同量程的温度计(温度仪),温度计插入孔内应注入相同的变压器油,温度仪的外接信号符合原装接要求。

9 变压器分接头开关换档应明确换档方向,换档位置正确,接点牢固可靠。分接头开关的直流电阻值允许误差应符合现行国家标准《电气装置安装工程 电气设备交接试验标准》GB 50150 的规定。

10 一次侧电压为 35 kV 的变压器电气预防性试验应每年1 次,一次侧电压为 6 kV～10 kV 的变压器电气预防性试验应每2 年 1 次。试验项目、正常值和允许误差范围明确,有电气试验报告和合格证。

5.2.3 变压器故障检修应满足下列要求:

1 变压器出现下列情况应立即退出运行,进行检修:

  1) 安全气道膜破坏或储油柜冒油。

  2) 重瓦斯继电器动作。

  3) 瓷套管有严重放电和损伤。

  4) 变压器内噪声增高且不匀,有爆裂声。

  5) 在正常冷却条件下,变压器温升不正常或不断上升。

  6) 严重漏油,储油柜无油。

  7) 变压器油严重变色或浑浊。

  8) 电气预防性试验时,变压器不符合国家现行电气试验标准。

2 变压器检修无须吊芯处理的,应 24 h 以内完成;需要吊芯处理的,应 72 h 以内完成。

3 变压器油更换时,应放尽箱内旧油并用合格新油清洗干净。新油的选择应满足国家油类管理标准和泵站变压器的实际要求,电气试验合格。变压器油电气试验应符合现行国家标准

《电气装置安装工程 电气设备交接试验标准》GB 50150 的规定。

4 变压器绝缘瓷套管或绝缘支撑物更换的替换物应符合同电压等级、同规格型号、同绝缘要求,不得降低安全距离和机械强度,且电气试验合格,更换后不得有渗漏油或支撑物变形现象。

5 更换变压器防爆膜时,应采用相同压力等级、相同大小规格的产品。

6 更换变压器油封时,应使用变压器专用油封,不得用其他油封代替。

7 更换变压器瓦斯继电器时,应采用同规格型号、同工作要求且电气试验合格的产品。

5.2.4 变压器故障检修后应对下列内容进行检查:

1 油浸式变压器本体就位时,安装位置应正确、牢固,变压器器身盖板沿油枕方向应有 $1\%\sim1.5\%$ 的坡度。

2 油浸式变压器瓦斯继电器安装时,安装位置应正确,继电器气体走向箭头应指向油枕;为了保证在油枕油面最低时继电器上部不积气,油枕在安装时其最低点应比继电器最高处高 50 mm;继电器内应放尽气体;户外变压器应有防雨措施。

3 油浸式变压器散热器安装时,与本体联接部供应密封良好。

4 油浸式变压器净油器安装前应进行检查,净油器出口有网孔,放置正确。

5 打开油浸式变压器注油前所有充油附件阀门,检查所有阀门螺丝的密封垫完好;注油时,充油附件应充分放气至油溢出,然后再关闭或旋紧阀门,加注油位的高低应符合实际温度要求。

6 油浸式变压器呼吸器安装前,应检查气孔,干燥剂硅胶应不变色,呼吸器底盘应注油。

7 油浸式变压器各连接处应无渗漏油现象。

8 干式变压器本体应进行外表检查,应完好、清洁,环氧体无龟裂,高低压线圈间隙无杂物,绝缘支撑物无变形和受外力影响。

9 干式变压器安装位置应与高低压母线连接位置相吻合,导体连接应接触良好,螺栓应紧固。

10 干式变压器温度控制系统及冷却系统均应按照制造厂的规定进行安装、调试。

11 变压器外壳应接地良好。

12 变压器各部件应完好,防爆玻璃无碎裂,变压器瓷套管无裂纹、无掉釉。

13 变压器高低压引线应连接良好,有足够的绝缘距离。

14 变压器分接开关应位置正确,接触良好。测试有载调压分接开关的手动和自动环节,限位计数及档数指示应良好。

15 有冷却风扇的变压器,应检查风扇启动的正确性,通风量应符合设计要求。

16 变压器有关测试、检验报告、大修内容等相关资料应齐全且全部合格。

5.3 配电柜

5.3.1 配电柜分为 35 kV 配电柜、6 kV~10 kV 配电柜和 0.4 kV 配电柜。配电柜应例行检查,如有异常应及时排查。

5.3.2 35 kV 配电柜常态性巡视检查应满足下列要求:

1 配电柜应每 2 h 巡视检查 1 次,遇过载运行、试运行和有缺陷运行等特殊情况应增加检查次数。巡视检查记录范围包括电源电压、负载电流、有功功率、无功功率、功率因数、有功电量、无功电量、信号指示、报警器状态、直流装置输入输出电压、备用电池单节电压、直流装置对地绝缘、变配电站的温度湿度等。记录本应统一保管,并保存 1 年以上。

2 低压室(仓)内小熔断器、小开关、继电器、变送器、切换开关、连接片(压板)、接线端子应位置正确,工作正常,接触良好,无脱线、断线现象,编号清晰,低压室(仓)内照明完好,加热器工作正常。

3 巡视检查时,不得随意拨动控制开关和按钮,不得随意变动设备运行状态,不得随意挪动或收取警告牌和安全标识。

4 数字式继电器应不定期地进行数据查看,并对报警或动作信号进行复制保存。

5 指示器指示亮度、闪烁频率应基本相同,每个电源检测点用移动指示器检测到位。

6 断路器指示状态应与实际工作状态相同,断路器储能装置已储能。在无操作记录的情况下,断路器操作计数器应无数值变化。

7 隔离、接地闸刀指示位置应与实际工作位置相同,闸刀操作孔应关闭。闸刀在接地状态时,应挂有明显的"已接地"警示牌。

8 继电器应无异常动作,显示正确,试验装置良好,表盘、继电器外壳工作正常无损坏。数字式继电器显示屏应显示正常无缺损,显示内容无缺项,工作指示灯复位在原始状态。

9 互感器绝缘部分应无破损裂纹、无异常声响,一、二次线接头无松动。电流互感器二次侧接线应无开路,且可靠接地。电压互感器二次侧接线应无短路,短路保护器工作正常。

10 避雷器应无污物、焦痕、放电、变形和变色现象,瓷质部分无掉釉和裂纹。

11 各类仪表应工作正常,数值显示可信。显示电压不得超过额定供电电压的 ±10%,三相平衡无误差;电流显示应与实际负载基本相符,三相电流保持平衡;功率因数 $\cos \psi$ 值应保持在 $0.85 \sim 1.00$ 范围内。

12 筒体应清洁,无积灰、污迹和腐蚀,螺栓紧固无松动,气体连接管道无泄漏,六氟化硫(SF_6)气体压力在规定值范围内。

5.3.3 6 kV～10 kV 配电柜常态性巡视检查应满足下列要求:

1 应每 4 h 巡视检查 1 次,遇过载运行、试运行和有缺陷运行等特殊情况应增加检查次数。

2 配电柜面各指示器应工作正常,指示状态与设备实际工作状态相符,各继电保护显示装置无故障显示和报警现象,实时检测仪器如电压表、电流表、有功功率表、无功功率表、功率因数表、电源显示仪、绝缘气体压力表和含水率表等显示正确。

3 控制回路和保护回路小熔断器、小开关、切换开关、连接片(压板)和接线端子应位置正确,接触良好,无脱线、断线现象,照明正常,加热器工作良好。

4 母排及支持瓷瓶应无严重积灰、搭挂异物、变形、裂缝及放电痕迹,示温蜡片无变色、无熔化现象。

5 隔离(闸刀)开关、接地(闸刀)开关操作机构应操作灵活,三相分合同步,动、静触头接触良好,压力适当,无过热发红现象,无拉毛、熔化和氧化现象。

6 断路器(接触器)检查应满足下列要求:

　　1) 油断路器油色、油位应正常,无浑浊发黑、无渗漏现象;瓷套管完整,无破损裂纹、无放电痕迹;拉杆及绝缘子完好、无缺陷,连接软铜片无断片、无锈蚀,机械分合状态与实际状态相符。

　　2) 六氟化硫(SF_6)断路器(接触器)气体压力应在正常压力范围内,无泄漏、异常声响和异常臭味;绝缘分隔罩外露部分应完好,无损伤、裂纹和闪烙痕迹。

　　3) 真空断路器(接触器)应外壳完好,无损伤、裂纹和焦痕;一端带电时,真空管内壁应无红色或乳白色辉光出现。

7 敞开式负荷开关三相动、静触头应接触良好,无错位现象,动、静触头无烧毛和熔化迹象,速动装置分、合应同步迅速,灭弧装置工作性能可靠,无焦黑和炭化现象。

8 电容器、电感器瓷管和支撑绝缘瓷瓶应无破损、无放电痕迹,外壳无变形、无渗漏油现象,表面温度不应超过 50℃;电感器无异常声响,绕组绝缘良好。

9 熔断器熔断指示装置应无弹出,瓷管瓷瓶无裂纹,无放电痕迹,弹性卡座与熔芯铜帽接触良好,压力适当,指示器位置显示正确。

10 移动小车应柜门开启灵活,小车移动轻松,接插件接触良好可靠,触头无变形、烧毛和腐蚀,轴承完好润滑,机械卡锁牢靠,车上绝缘瓷瓶完好清洁,无损伤、无裂纹、无闪烁痕迹,各种连锁安全可靠,满足设备工作要求,车架稳固,道轨内无异物,小车进出方便,位置正确。

11 操动机构应操作灵活、可靠,分合线圈无异味,储能装置工作正常,设备状态显示器显示符合实际工作状态,操作次数累积器累计数值不超过各设备的出厂要求。

12 接点连接螺栓应无松动,接点无氧化、发黑现象,接地线接地良好。

13 低压室(仓)内小熔断器、小开关、继电器、变送器、切换开关、连接片(压板)、接线端子应位置正确,工作正常,接触良好,无脱线、断线现象,编号清晰,室(仓)内照明完好,加热器工作正常。

5.3.4 0.4 kV 配电柜常态性巡视检查应满足下列要求:

1 应每 4 h 巡视检查 1 次,遇过载运行、试运行和有缺陷运行等特殊情况应增加检查次数。

2 配电柜外壳及柜门接地体应无断开松动现象。

3 配电柜面各指示器应工作正常,指示状态与设备实际工作状态相符;实时检测仪器如电压表、电流表、有功功率表、无功功率表、功率因数表、所用变压器温度显示仪等显示正确;移相电容器自动补偿仪工作正常,补偿值在 0.85~1.00 范围内。

4 进线柜、补偿柜内的过电压保护装置应无损坏。

5 控制回路和保护回路小熔断器、小开关、切换开关、接线端子应位置正确,接触良好,无脱线、断线,照明正常,加热器工作良好。

6 母排及支持瓷瓶应无严重积灰、搭挂异物、变形、裂缝及放电痕迹,示温蜡片无变色、熔化现象。

7 隔离(闸刀)开关操作机构应操作灵活,三相分合同步,动、静触头接触良好,压力适当,无过热发红、拉毛、熔化和氧化现象。

8 断路器(接触器)机械分合状态应与实际状态相符,三相动、静触头接触良好一致,无错位,动、静触头无烧毛和熔化迹象,牵引吸铁无异声、过热现象,灭弧装置工作性能可靠,无焦黑和炭化现象,灭弧罩完好无裂纹、损伤,速动装置分、合同步迅速。

9 配电抽屉指示状态应与实际工作状态相符,抽屉定位开关处于正确的工作位置,运行抽屉无异味、过热(应小于50℃)现象。

10 热继电器应接线良好,脱扣器无误动作。

11 漏电保护器应动作正常、灵活,无破损。

12 电容器、变阻器应工作正常,无异味、异响,电容器瓷瓶无裂纹、破损,外壳无变形、无渗漏液,变阻器绕组绝缘无变色、无振动。

13 互感器应接地良好,工作正常,无异味、异响。电流互感器二次侧接线牢靠,无断线、无开路现象;电压互感器二次侧保护良好,无短路现象。

5.3.5 6 kV~10 kV 配电柜故障检修应满足下列要求:

1 接到检修任务后检修人员应及时赶到故障现场。影响运行、有严重缺陷的设备,应在2 h内完成;不影响运行、有一般缺陷的设备,应在72 h内完成;如有特殊情况,可另行处理。

2 隔离闸刀、接地闸刀刀片、刀夹烧损面积大于接触面积1/3或变形严重时应进行更换,绝缘支撑物损坏应进行更换,更换品应与原产品同型号、同规格、相同的技术要求;机械连杆应转动灵活、牢靠,操作旋转方向应保持与原始状态相同,旋转角度和操作行程应与检修前保持一致;刀片、刀夹应有良好的接触,并保证有足够的接触压力;接地闸刀的接地连线应可靠、牢固。

3 检修后的负荷开关,合闸时,主固定触头应可靠地与主刀刃接触;分闸时,三相的灭弧刀片应同时跳离固定灭弧触头。灭弧筒活塞间隙以及灭弧触头与灭弧筒的间隙应符合要求。三相触头的同期性和分闸状态时触头间净距及拉开角度应符合产品的技术要求,辅助开关应动作准确、接触良好。

4 断路器(接触器)的检修以更换为主,更换的器件应与原产品同型号、同规格、相同的技术要求,安装位置正确,固定牢靠,符合断路器的各种技术要求。

5 高压熔断器、电力电容器、干式电抗器的检修以更换为主,更换的器件应与原产品同型号、同规格、相同的技术要求。

6 移动小车车载设备更换时,应选择与原产品相同技术要求的产品,安装位置正确、固定牢靠;移动部件,道轨、轴承、蜗轮推进器等移动灵活,操作轻便,无卡阻、黏涩现象;锁定装置,进位准确、锁定牢靠,出位简单、解锁方便;控制回路,控制线连接牢靠,接插部件插接紧密、接触良好,各部位的开关工作性能可靠,指示器、显示器工作正常,与设备的实际状态相符;车载的隔离触点位置正确、固定牢靠,符合出厂时的技术要求;小车各位置的连锁符合出厂时的设计和调试要求。

7 检修后的操动机构,电磁线圈应工作正常,脱扣机构应灵活、可靠,弹簧压力应符合断路器分合闸要求,间隙的调整保持三相一致,并应与原始要求相符;更换的部件应与原产品同型号、同规格、相同的技术要求和操作功能。机械连杆应转动灵活、牢靠,操作旋转方向应保持与原始状态相同,旋转角度和操作行程应与检修前保持一致。

5.3.6 6 kV～10 kV 配电柜故障检修后应对下列内容进行检查:

1 配电柜检查应满足下列要求:

    1) 配电柜的固定与接地应牢靠,柜面外表应完好、清洁、整齐。

2）配电柜内检修后的电器元件应齐全,安装位置正确,固定牢靠。

3）所有二次回路接线应准确,连接可靠,标志齐全清晰,绝缘满足要求;继电器、接触器等二次回路控制设备应完好,并且工作可靠。

4）柜内一次设备检修后的质量要求应符合国家现行有关标准的规定,并有电气试验合格的证明报告。

5）配电柜电缆通道检修完毕后应作好封堵。

6）操作及联动试验应正确,符合检修前的各项工作要求。

7）电气及机械连锁装置试验应正确,符合设备实际运行的要求。

2　隔离闸刀、接地闸刀和负荷开关检查应满足下列要求:

1）所有元件、附件、备件应齐全,无损伤、变形和锈蚀,瓷件与绝缘件无裂纹和破损,有试验合格证明。

2）闸刀转动部分应灵活,并涂上合适的润滑脂。

3）操动机构的零部件应齐全,所有固定连接部件紧固,转动部分涂合适的润滑脂。

4）闸刀合闸后,触头间的相对位置、备用行程以及闸刀分闸状态时触头间的净距离或拉开角度应符合产品检修前的技术要求。

5）接地闸刀应动作灵活、接触可靠、接地良好。

6）负荷开关的灭弧装置应工作可靠,符合产品的技术规定,速动机构动作灵敏可靠,压力适中。

7）闸刀合闸时三相不同期值应符合产品的技术规定,触头接触紧密良好。

8）油漆应完整,相色标志应正确。

3　油断路器检查应满足下列要求:

1）断路器应固定牢靠,外表清洁完整。

2）电气连接应可靠且接触良好。

3）瓷件与绝缘件应无裂纹和破损,表面清洁。

4）断路器应无渗漏油现象,油位正常。

5）断路器及其传动机构的联动应正常,无卡阻现象;分、合闸指示应正确;辅助开关及电气闭锁动作应准确可靠,接点应无电弧烧损。

6）断路器油漆应完整,相色标志应正确。

4　六氟化硫(SF₆)断路器检查应满足下列要求:

1）断路器所有元件、附件、备件和专用工具应齐全,无损伤、变形和锈蚀,并有电气试验合格证明。

2）瓷件与绝缘件应无裂纹和破损。

3）充有六氟化硫(SF₆)气体的运输单元或部件,其气体压力值应符合产品的技术规定。

4）断路器安装牢靠,外表应清洁、完整,动作性能应符合产品的技术要求。

5）电气连接应可靠,且接触良好。

6）断路器及其传动机构的联动应正常,无卡阻现象;分、合闸指示应正确;辅助开关及电气闭锁动作应准确、可靠。

7）支架和接地引线应无锈蚀和损伤,接地应良好。

8）气体密度继电器的报警和闭锁定值应符合规定,电气回路应连接准确。

9）六氟化硫(SF₆)气体漏气率和含水量应符合规定,气体的压力应在规定范围内。

10）断路器外表油漆应完整,相色标志应正确。

5　真空断路器检查应满足下列要求:

1）真空断路器的所有部件及备件应齐全,无锈蚀和机械损伤,并有电气试验合格证明。

2）真空包瓷套与铁件间应粘合牢固,无裂纹和破损。

3）绝缘部件应完整无损,无变形、受潮现象。

4）真空断路器安装应固定牢靠,外表应清洁完整。

5）电气连接应可靠,且接触良好。

6）真空断路器与其操动机构的联动应正常,无卡阻现象;分、合闸指示应正确;辅助开关动作应准确、可靠,接点应无电弧烧损。

7）灭弧室的真空度应符合产品的技术规定。

8）真空断路器相色标志应正确,接地应良好。

6　移动小车检查应满足下列要求:

1）车载设备应安装正确、固定牢靠,符合各设备的技术要求。

2）轨道水平、平行、轨距应与小车轮距相匹配,接地可靠,小车能灵活轻便地推入或拉出,同型产品应具有互换性。

3）制动装置应可靠且拆卸方便。

4）小车操动时应灵活、轻巧。

5）隔离触头的安装位置应准确,安装中心线应与触头中心线一致,接触良好,其接触行程和超行程应符合产品的技术规定。

6）小车的工作位置和试验位置的定位应准确、可靠。

7）电气和机械联锁装置动作应准确、可靠。

7　操动机构检查应满足下列要求:

1）所有的零部件、附件和备件应齐全,无锈蚀、受损和受潮等现象。

2）操动机构安装位置应固定牢靠,外表应清洁完整。

3）储能电机转向应正确,分、合闸线圈的铁芯应动作灵活,无卡阻现象。

4）操动机构与开关设备的联动应正常,无卡阻现象;分、合闸指示应正确;辅助开关动作应准确、可靠,触点应无电弧烧损。

5）操动机构的密封应完整、无泄漏,电气连接应可靠且接触良好。

8 门锁和联锁检查应满足下列要求：

1）配电柜门锁和联锁应具有"五防"功能，即：防止带负荷分、合隔离开关和隔离插头；防止误分、误合断路器、负荷开关和接触器；防止接地开关处在合闸位置时关合断路器、负荷开关等；防止带电时误合接地开关；防止误入带电隔离室。

2）只有当断路器、负荷开关或接触器处在分闸位置时，配电柜门上操作孔才能打开，才能移动小车，隔离触头方可抽出或插入。

3）只有当断路器、负荷开关或接触器处在工作位置、试验位置、断开位置、接地位置和移开位置时，断路器、负荷开关和接触器才能进行分、合操作。

4）只有当移动小车向外拉出到试验位置或随后的其他位置（即隔离触头间形成足够大的绝缘间隙后）时，接地开关才能允许合闸，且不允许小车作任何移动操作（即配电柜上的小车操作孔不能打开）。

5）只有当接地开关处在分闸位置，且移动小车上的断路器、负荷开关或接触器均处在分闸位置时，配电柜上的操作孔才能打开，才能将小车推入到工作位置或其他位置。

6）正常程序操作时，操动机构和闭锁元器件不得卡涩和失灵；非正常程序操作时，装置应能迅速、可靠闭锁；试验后，装置不应变形和损坏。

7）各种闭锁装置均应有专用的解锁工具，在紧急情况下可以解除闭锁，但非专用工具不得解锁。

8）各种闭锁装置的元器件均应满足国家现行有关标准的要求，符合设备应用现场的实际技术要求和闭锁规定。

9 检修工具不得遗留在设备内部。接地闸刀和临时接地线应及时分闸和拆除,不得带接地线送电。

10 6 kV～10 kV 配电柜初次受电或超过 3 个月停运重新受电时,应空载带电 24 h。

5.3.7 0.4 kV 配电柜定期维护保养应满足下列要求:

1 配电柜表面清洁应每天不少于 1 次,要求无明显积灰和无油污;柜内设备应每 3 个月保养 1 次,特殊情况增加维护保养次数。

2 绝缘支撑物应采用同规格尺寸的产品,保持原绝缘等级和使用功能。

3 隔离刀闸应操作轻便、转动灵活、动作到位、接触面符合要求,机械部件应添加合适的润滑剂,接触刀片应涂抹薄层中性凡士林或导电油脂。

4 断路器、接触器内部保养:断路器、接触器内部触头应表面平整,脱扣机构工作可靠,灭弧罩完整无损坏,三相触头分合同步,压力适中,安装正确。

5 控制回路端子排螺丝应紧固,导体裸露部分应作防腐处理,线端编号应描写清楚。更换熔芯、指示器或灯泡应符合原电压容量、规格型号的要求。

6 操动机构应操作轻便,脱扣可靠灵活,脱扣线圈,合闸电机无异味、异声。

7 抽屉式配电装置应联锁可靠、准确,手柄操作轻便,滑道润滑无阻碍;触点各位置应接触良好,连接线无脱落、断裂,绝缘无损坏;按钮及小开关分合应接触良好、反应灵敏;信号变送器应信号准确、发送可靠;电流表、指示灯更换,应采用同规格型号、同量程精度、同功率电压的合格产品。

8 机械门锁应启闭灵活,钥匙插拔自如、无卡阻现象,连锁装置性能可靠,无变形和损坏;机械部件如传动杠杆、连杆、挡板、滑块和锁芯等应适当添加润滑剂;电气部件如电磁线圈、控制回路等应测试绝缘电阻,绝缘电阻值应大于 10 MΩ。

9 应对各类指针式仪表进行零位校验和调整,连接线端应拧紧,损坏的仪表应更换。仪表替换品应与原产品的规格、型号、等级和输入输出端口等相同,仪表更换应在无电源的情况下进行。

10 继电保护各检测点的整定值试验和调整,报警讯响器应正确鸣响,报警指示灯和光字牌应正确显示,保护跳闸装置应反应灵敏、正确。

11 保养工作开始前,应做好保养前的二级隔离,做好可能来电的安全防范措施,装设必要的安全遮拦,并挂上警告牌。

12 保养时,应注意易碎易损部件的拆装和放置。

13 清洁时,应采用干抹布,不得使用湿布或纱布、围丝。

14 触头保养时,不得去除或破坏表面银白色合金层。

5.3.8 0.4 kV 配电柜故障检修应满足下列要求:

1 修理后的隔离闸刀,不应降低绝缘等级和工作能力,刀片和刀夹的接触面应符合产品出厂时的技术要求。更换部件时,应采用同规格、同型号、同容量等级的合格产品。

2 修理后的断路器、接触器,其工作能力、机械强度不应低于原设备,电磁吸铁的噪声、振动和发热应符合产品出厂时的技术要求。更换部件时,应采用同规格、同型号、同容量等级的合格产品。

3 互感器、熔断器、电容器、变阻器、热继电器的替换,应采用同规格、同型号、同容量等级的合格产品。

4 修理后的联锁装置,不得低于原装置的工作标准,保证安全和工作的可靠性。

5 修理后的电容器放电装置,应放电可靠、接触良好,保证三相能同时放尽剩电。

6 恢复操动机构操作功能和工作的可靠性,保证状态显示器显示与设备主触点实际位置相符。更换部件时,应采用同规格型号的合格产品。

7 控制回路接线应正确、牢靠,功能正常。更换部件时,应采用同规格型号的合格产品;更换导线的材质、规格、绝缘应相符,并排列整齐。

8 修理后的抽屉式配电装置应工作可靠、操作轻便、功能完整、联锁安全可靠、机械强度不变。更换部件时,应采用同规格、同型号、同容量等级的合格产品。

5.3.9 0.4 kV 配电柜故障检修应对下列内容进行检查:

1 巡视检查应满足下列要求:

　　1)设备铭牌、型号、规格应与被控制线路或设计要求相符。

　　2)设备外表壳体、漆层、手柄应无损伤或变形;内部仪表、灭弧罩、瓷件、胶木部件应无裂纹或损伤。

　　3)设备的固定应符合现行国家标准《电气装置安装工程低压电器施工及验收规范》GB 50254 的有关规定。紧固件应采用防腐制品或不锈钢制品,紧固牢靠且不得使电器内部受额外应力。

　　4)设备的母线与电器连接,其接触面应符合现行国家标准《电气装置安装工程　母线装置施工及验收规范》GB 50149 的有关规定,不同相的母线最小电气间隙应大于 10 mm,外部接线不得使电器内部受到额外应力,接线应排列整齐、清晰、美观,导线绝缘应良好、无损伤。

2 专项检查应满足下列要求:

　　1)检修或更换后的电器型号、规格应符合原先的工作要求。电器的安装应牢固、平正,符合产品的技术要求。电器的外观应完好,绝缘器件应无裂纹。

　　2)电器的连接线应排列整齐、美观,标志齐全完好、字迹清楚,接零、接地可靠,绝缘电阻值符合要求。

　　3)设备活动部件应动作灵活、可靠,联锁传动装置动作正确。

　　4)设备通电后应操作灵活、可靠,电磁器件无异常声响,线圈及接线端子的温度符合规定,触头压力、接触电阻符合有关规定。

    5）设备接地应完好,柜体外壳及柜门接地体应无损伤、断裂、腐蚀等情况。

5.4　信号控制柜

5.4.1　信号控制柜常态性巡视检查应满足下列要求:

  1　应每 2 h 巡视检查 1 次,特殊情况应增加检查次数。

  2　控制柜面各指示器、控制开关应工作正常,指示状态与设备实际工作状态相符;实时检测仪器如电压表、电流表、有功功率表、无功功率表、功率因数表、电度表等应显示正确。

  3　控制回路和保护回路小熔断器、小开关、切换开关、接线端子应位置正确,接触良好,无脱线、断线现象,照明工作正常,光字牌无报警现象。

  4　直流后备电池应无严重积灰、漏液、变形,端口接线良好,电脑工作状态良好。

  5　交流电源电压应正常,充电(浮充电)装置各部件工作状态良好,装置巡检仪各点的巡检数值正确、可靠,输出直流电压稳定。

  6　信号控制柜的保护接地与防雷接地应完好,柜体外壳及柜门的接地体无损伤、断裂、腐蚀等情况,防浪涌装置正常运行。

5.4.2　信号控制柜定期维护保养应满足下列要求:

  1　控制柜表面应清洁每天不少于 1 次,柜内设备应每 3 个月清洁保养 1 次,特殊情况应增加维护保养次数。

  2　直流后备电池应每 3 个月保养 1 次。用万用表对电池逐一进行电压检测,并与电脑显示的数值进行比对。若电池容量达不到额定容量的 85%,应及时更换。

5.4.3 信号控制柜故障检修应满足下列要求：

1 修理后的指示器、光字牌恢复原有指示功能，工作可靠、稳定。更换部件时，应采用同规格、同型号、同容量、同电压等级的合格产品。

2 将直流后备电池进行活化处理，恢复原有储电功能。更换部件时，应采用同规格、同型号、同容量、同电压等级的合格产品。直流后备电池更换时，应采取整体更换，不可新老电池合并使用。

3 检查修理后的充电（浮充电）装置的控制开关和熔断器，调整取样信号，更换控制集成模块和分类部件，恢复原有控制功能。更换部件时，应采用同规格、同型号、同容量、同电压等级的合格产品。

5.4.4 信号控制柜故障检修后应对下列内容进行检查：

1 巡视检查应满足下列要求：

1）设备铭牌、型号、规格与被控制线路或设计要求应相符。

2）设备外表壳体、漆层、各位置的手柄应无损伤或变形；内部仪表、指示灯、光字牌、直流装置、报警装置等应无损坏。

3）设备的固定应符合国家现行标准的要求。紧固件应采用防腐制品或不锈钢制品，紧固牢靠且不得使电器内部受额外应力。

4）设备母线与电器连接的接触面应符合国家现行标准的要求，不同相的母线最小电气间隙应大于 10 mm，外部接线不得使电器内部受到额外应力，接线应排列整齐、清晰、美观，导线绝缘应良好、无损伤。

2 专项检查应满足下列要求：

1）检修或更换后的电器型号、规格应满足原设备的工作要求。电器的安装应牢固、平正，符合产品的技术要求。电器的外观应完好，绝缘器件无裂纹。

2）电器的连接线应排列整齐、美观，标志齐全完好、字迹清楚,接零、接地可靠,绝缘电阻值符合要求。

3）设备活动部件应动作灵活、可靠,联锁传动装置动作正确。

4）设备通电后充电(浮充电)装置应工作稳定可靠,电磁器件无异常声响,线圈及接线端子的温度符合规定;直流电池电压正常,符合电器设备操作电源的要求,无变形、泄漏液现象;各类仪表的显示数值正确、可靠,指示信号、报警信号正确、灵敏,符合设计和产品技术要求。

5）设备工作接地与防雷接地应可靠、完好,接地体无损伤、断裂、腐蚀等情况,信号系统接地电阻小于 4 Ω。

5.5 高压变频器

5.5.1 高压变频器常态性巡视检查应满足下列要求:

1 环境条件应满足下列要求:

1）环境温度:变频器工作时室内温度保持在$-5℃\sim40℃$。

2）环境湿度:相对湿度不超过 90%,无结露现象。

3）环境压差:室内外压差不超过 10%。

4）其他条件:无直射阳光、腐蚀性气体及易燃气体,尘埃少。

2 运行前检查应满足下列要求:

1）变频装置停止运行时间大于 30 min(包括高压充电试验)。

2）变频器室内通风良好,环境温度正常。

3）变频装置柜门均处于关闭位置,并锁好门扣。

4）三相电压允许偏差在额定电压的$\pm10\%$范围内,并无缺相。

5）所有控制开关在正常位置。

6）冷却风机的运行情况,将标准厚度的 A4 纸粘在变频器柜的进气孔网罩上,进风过滤网没有过多积灰。

7) 各指示灯显示正常,液晶显示屏无故障显示。

8) 变频装置所带负载(如水泵机组)处于可工作状态。

3 运行中检查应满足下列要求:

1) 电动机启动过程保持平稳顺畅。

2) 变频室内通风良好,环境温度正常。

3) 键盘指示灯显示正常,液晶显示屏显示设备运行参数在正常范围内,并与监视计算机的显示参数相符。

4) 冷却风机运行良好,风量正常。

5) 变压器等温升在正常范围,变频器机柜温升正常。

6) 变压器等运行声音正常,无异常气味和异常振动。

7) 三相电压正常,无缺相。

8) 三相电流在负载的额定值内,无缺相,各相电流值均衡。

9) 电动机运行保持平稳,并无异常振动现象。

10) 电动机加减速正常平稳,给定值、频率和转速相符。

11) 变频装置在正常运行中,不得按"复位"键。

4 运行后检查应满足下列要求:

1) 变频器停止运行后,冷却风机运行 30 min 以上,以便发热元件散热。

2) 变频装置恢复到运行前状态。

3) 键盘指示灯显示正常,液晶显示屏无故障显示。

4) 各控制小开关均处于自动位置或远程控制位置。

5.5.2 高压变频器定期维护保养应满足下列要求:

1 应定期检测高压变频器,包括静态检测和动态检测,确保设备无异常。

2 维护工作应由经过培训的专业人员进行;变频器每 6 个月进行 1 次全面的检查和维护;变频器空气过滤网每个月清洁 1 次;变频器易损部件每 6 个月或 1 年 1 次(根据变频器投运周期而定)进行预防性维护。

3 在做任何维护和保养检修工作之前,应按下列要求进行操作:

    1) 只有在不带电并且不存在高温时,才能接触变频器柜内部件。

    2) 检查或维护之前,应断开一切电源,使该变频装置高压电源处于检修状态,变频装置控制电源处于冷备用状态,并且每个功率单元控制板上的直流母线电压指示灯已经熄灭。

    3) 不得用高压摇表直接测量变频器输出绝缘,以免造成开关器件(如 IGBT 等)受损。

    4) 不得使高压电源误接到变频器的输出端,以免造成变频器内部器件爆炸。

    5) 变压器进行电气预防性试验时,应将其所带负载同变压器断开,并且将温控仪与测温传感器断开。

    6) 在进行变频器内部维护工作时应小心静电,进行变频器内部工作时应做好有关防静电措施。

4 进行定期维护保养应符合下列规定:

    1) 使用带塑料吸嘴的吸尘器彻底清洁柜内外,保持设备无尘,保证散热。

    2) 空气过滤网应取下清洁;如有破损,则应更换。

    3) 应使用修正漆修补柜体生锈或金属外露凹陷。

    4) 应检查冷却系统,保证运行情况。

    5) 应检查加热器,保证运行正常。

    6) 应检查隔离变压器、整流和逆变部件等重要电气连接的紧固性;如有松动,应进行紧固。

5 进行预防性维护检修应符合下列规定:

    1) 检查线路板上元器件(特别是电容、电池、线圈等)及其管脚,应无老化、腐蚀、变色、灼黑等迹象。

    2) 测量线路板上各输入/输出、测试点电压,应在正常值范围内。

3）电压源型变频器（使用电解电容器作为稳压部件）检查滤波电容器，应无漏液、变色、裂纹、外壳膨胀，安全阀应无突出膨胀。必要时，应解体测量静态电容量。

4）电压源型变频器连续运行 5 年后（根据变频器实际运行情况而定），用调压器对各单元通电测试，测量电阻各均衡电压偏差应在 10VDC 以内。

5）电压源型变频器如使用电解电容器的，一般 5 年～10 年（根据投运周期和环境温度而定）应全面更换 1 次电容器。

6）电阻绝缘体应无裂纹，测量电阻值应在标明电阻值的±10％范围内。

7）电流源型变频器检查电抗器绝缘在正常范围内。

5.6　低压变频器

5.6.1　低压变频器常态性巡视检查应满足下列要求：

1　值班人员应每隔 2 h 对低压变频器进行巡视检查。

2　变频器柜柜内应通风散热条件良好，无直射阳光、腐蚀性气体及易燃气体。

3　变频器输入输出电抗器、变压器等应无过热、变色烧焦或异味等情况。

5.6.2　低压变频器定期维护保养应满足下列要求：

1　应定期检测低压变频器，检测内容包括：

1）检查供电系统，确定供电系统满足变频器使用要求，并进行记录与确认。

2）测量整流电源柜（包括功率部分、控制回路、触发回路等），给出测量数据与理论值，确保正常。

3）测量逆变器（包括功率部分、控制回路、触发回路等），给出测量数据与理论值,确保正常。

  4）对变频柜逆变模块中的 IGBT 进行部分拆卸,并进行整体清洁、涂抹导热膏和恢复安装。

  5）检查清理柜体、模块电路板、电阻、电容等元器件,给出测量数据与理论值,确保正常。

  6）测量柜体及模块内的光纤、电缆及插头,并进行导通。

  7）检查及清洁变频柜上的主要元器件、支架等附件,确保正常。

  2 应检查变频器内部导线绝缘是否有腐蚀过热的痕迹及变色或破损等。如发现,应及时进行处理或更换。

  3 变频器长时间运行后,应将所有螺丝全部紧固一遍。

  4 检查冷却风扇,根据风扇变频器运行情况每 1 年~2 年应更换一次风扇或轴承。

  5 应保持光纤接头洁净,检查光纤表皮。

  6 应更换相应的老化元器件。

  7 应将电路板逐一拆下,清洁积灰。如果积灰较重,可用防静电刷清洁。

  8 拆卸电路板后,应采用吹风机将电容组、电抗器的积灰吹净;如积灰较重,则应拆下电容组和电抗器,用酒精和防静电刷清洁。

  9 检查直流电容正负极母排间的绝缘片,检查各电路板之间插接头,发现问题应及时更换。检查 IGBT 散热装置及内部积灰,发现积灰应使用吹风机清理。

  10 维护保养后,变频器投运前应空载试运行 2 min~3 min,校对电机的旋转方向。

6 泵站辅助设备

6.1 闸门闸阀

6.1.1 电动闸门闸阀周期性巡视检查应满足下列要求:

    1 应每 8 h 巡视检查 1 次,特殊情况应增加检查次数。

    2 电源供电应正常,信号灯显示正常。

    3 闸门闸阀全开、全关位置指示应正确。

    4 闸门闸阀电动装置应无渗漏油情况。

    5 闸门丝杆保护套应正常、无损坏。

    6 闸阀填料处应无明显漏水。

    7 闸门闸阀控制箱箱门应密封完好,箱门锁无损坏,内部电器元器件无焦味或损坏现象。

6.1.2 电动闸门闸阀维护保养应满足下列要求:

    1 应每 2 周对不常开、关的闸门做保养性启闭 1 次。

    2 应每季度对控制箱的电气元件进行检查、维护。

    3 应每半年检查、调整电动装置的行程开关和转矩开关,检查闸阀填料压盖螺母松紧状态,更换填料,更换或补充闸阀润滑油脂。

    4 应每半年对手、电动切换机构进行检查和维护。

    5 应每 3 年对齿轮传动机构进行检查,并进行必要的修复或更换。

    6 应每 4 年对闸门框、导轨固定螺栓,闸门连接销,楔块的位置及固定螺丝,闸门框、闸板密封圈、闸杆支承座进行检查、调整及修复。

    7 应每 5 年检查闸门闸阀阀杆、铜螺母、闸板、阀座密封圈的磨损情况,并进行整修或更换。

8 露天安装的电动闸门闸阀,应每 3 年进行 1 次外表油漆。

6.1.3 电动闸门闸阀操作应满足下列要求:

1 闸门闸阀启闭机运行应由相关负责人发出调度指令。

2 开机启闭前应先检查丝杆所处位置及电机、变速箱、皮带,确认正常后方可通电启闭。

3 启闭机运行时,闸门启闭机丝杆应按要求的方向进行移动,电机、变速箱运行良好,变速箱与丝杆转轮同步运动。

4 当启闭过程中出现闸门阀体被卡住、闸杆抖动、电动装置声音异常时,应立即取消操作并进行检查,查出原因并解决后方可继续操作。

5 当启闭过程中出现转矩开关过力矩动作时,应停止操作并进行检查,查出原因并解决后方可继续操作。不得擅自调大转矩开关力矩强行操作。

6 启闭完毕停机后应校核闸门开关丝数量是否准确、闸门上下限位是否失灵。

7 电动机连续运转不得超过额定的工作时间。

8 手/电动切换手柄切换到手动位置后不得人为擅自将其扳回电动位置。

9 手动操作时,手轮上不可加套管或插入棍棒等强行转动。

6.1.4 非电动闸门闸阀周期性巡视检查应满足本标准第 6.1.1 条的要求。

6.1.5 非电动闸门闸阀维护保养应满足下列要求:

1 应每年检查插板橡胶密封条破损及老化情况、橡胶密封条压板螺钉紧固情况,并用起吊装置吊起插板检查自动挂钩、自动脱钩情况。

2 应每 5 年更换插板橡胶密封条,对插板、专用起吊装置进行除锈、油漆,对插槽内壁及底板的杂物进行清理。

6.1.6 非电动闸门闸阀操作应满足下列要求:

1 起吊前应检查插板橡胶密封条是否完好。

2 专用起吊装置自动挂钩、自动脱钩应正常。

3 吊起插板插入插槽时应保证插板密封的方向正确。

4 插入第一块插板时应缓慢进行，防止插槽中有垃圾卡阻。

5 插板的叠合高度应高出液面 1 m 以上。

6 插板使用后应冲洗干净、堆放整齐，避免乱堆和重压。

7 如果闸门有平衡阀，应先开平衡阀待闸门两边水压平衡后再开启闸门。如果没有平衡阀，则开启闸门时应先开启 100 mm～150 mm 后停止，待闸门两边水压平衡后，再开启闸门。

6.2 安全盖板

6.2.1 安全盖板周期性巡视检查应满足下列要求：

1 应每 8 h 巡视检查 1 次，特殊情况应增加检查次数。

2 在盖板附近应有显眼的标识标明危险区域。

3 盖板表面应平整、干净，无垃圾堵塞。

4 盖板与升降丝杆连接应牢固，升降丝杆滑动顺畅。

5 橡胶密封盖板应无老化及损坏现象。

6 高位井口钢格网底座应完好、无损坏。

6.2.2 安全盖板维护保养应满足下列要求：

1 应每半年对盖板表面进行平整修复。

2 升降丝杆的连接螺栓应紧固良好、无松动。

3 应及时更换损坏及老化严重的橡胶密封盖板。

4 应每 5 年对盖板钢格网底座进行除锈、油漆。

5 在盖板维护期间，若留有洞口，采取的安全措施应符合现行行业标准《建筑施工高处作业安全技术规范》JGJ 80 的有关规定。

6.3 泵站格栅除污机

6.3.1 格栅除污机周期性巡视检查应满足下列要求：

1 格栅除污机运行前检查内容包括：

    1）格栅除污机应无明显缺陷故障，链条无断裂，机械各部无卡堵。

    2）耙斗应平衡，各限位开关正常，无超行程。

2 格栅除污机运行中检查内容包括：

    1）应每 8 h 巡视检查 1 次，特殊情况应增加检查次数。

    2）格栅栅前栅后水位差超过 200 mm 时应启动格栅除污机。

    3）格栅除污机应无异常噪声；若有异常噪声，应及时检查电机及减速箱。

    4）齿耙、刮板等部件运行应正常。

    5）轴承、齿轮、液压箱、钢丝绳、传动机构润滑状态和工作状态应正常。

    6）机座、机构紧固件应无松动。

3 格栅除污机运行后检查内容包括：

    1）应每周至少运行 1 h，确保设备各部分处于良好状态。

    2）停止运行后，应及时清理缠绕和粘附在栅条和其他部位上的垃圾、杂物。

6.3.2 格栅除污机维护保养应满足下列要求：

1 格栅除污机轴承应经常进行润滑，每月不少于 1 次将钙基或钠基润滑油脂注入机架两侧的传动链上。

2 应每 3 个月将钙基润滑油注入主动轴两侧的轴承内。

3 应根据运行效果，调整链条的松紧度。

4 应每半年调整齿耙运行状态，检查钢丝绳、刮板等部件的磨损情况，各感应开关、行程开关应完好。

5 应每年检查轴承，加注润滑油，更换液压油箱的液压油。

6 应每年检查油缸、油箱，更换密封件。

7 应每年对控制箱的电气元件进行检查、维护。

8 应每 3 年检查齿轮箱齿轮啮合情况，调整啮合间隙或更换齿轮。

6.4 垃圾输送和压榨机

6.4.1 垃圾输送和压榨机周期性巡视检查应满足下列要求：

1 垃圾输送机传动皮带应无跑偏、断开、磨损等情况。

2 垃圾输送机螺旋导杆中应无不可压榨的硬物；若有，应及时清理，以防止压榨机损坏。

3 压榨机焊接处应无破裂、漏水现象。

4 应及时清理压榨机前端出口处垃圾，保证垃圾桶容量充足。

6.4.2 垃圾输送和压榨机维护保养应满足下列要求：

1 应每3个月对垃圾输送机螺旋导杆两端轴承进行加油处理。

2 应根据运行效果，调整垃圾输送机皮带松紧度。

3 应每年检查垃圾输送机皮带、螺旋导杆磨损情况，出现过度磨损应及时更换。

4 应每年对控制箱的电气元件进行检查、维护。

6.5 起重设备

6.5.1 起重设备周期性巡视检查应满足下列要求：

1 电动葫芦周期性巡视检查内容包括：

1）送上电源，三相电压应在正常范围。

2）手持式控制按钮开关应灵活、可靠。

3）钢丝绳应排列整齐，无乱绕和松脱现象。

4）吊钩应无磨损、扭曲、裂缝和变形等情况，防吊具脱落保险装置完好。

2 桥式起重机周期性巡视检查内容包括：

1）送上电源，三相电压应在正常范围。

2）各制动器应完好。

3）钢丝绳应排列整齐,无乱绕和松脱现象。

4）吊钩应无磨损、扭曲、裂缝、变形等情况,防吊具脱落保险装置完好。

5）行车的桥架和走台应无杂物堆放。

6）驾驶室走台及桥架的栅栏门应牢固锁定且限位开关完好。

7）减速器箱油位、油质情况应完好。减速器箱、液压制动器、推进器等部位应无漏油现象。

8）打开电门锁,按下控制电源启动按钮,指示灯应显示正常。

9）试验警示电铃、灯光的声、光应正常。

6.5.2 起重设备维护保养应满足下列要求:

1 电动葫芦维护保养内容包括:

1）应每季度检查移动电缆,确保电缆无脱落。

2）应每季度检查减速器箱,确保油位正常。

3）应每季度检查钢丝绳,确保绳索无扭转,磨损和断丝不得超过标准。

4）应每季度检查上、下限位开关,确保开关动作可靠。

5）应每季度检查导绳器,确保导绳器挡块无磨损。

6）应每半年检查、保养电气控制箱内的电气元件及手持按钮开关,确保开关动作可靠。

7）应每年对钢丝绳表面涂抹防锈油脂。

8）应每年检查制动器吊钩,确保无磨损、扭曲、裂缝、变形等情况。

9）应每年对电动葫芦外表进行清扫。

10）应每年检查接地线,确保接地线无腐蚀、断裂,连接可靠,接地电阻值不得大于 4 Ω。

11）应每年检查轨道两端的车挡,确保车挡紧固。车轮轮缘与工字钢边缘处的间隙应满足安装要求,连接车轮螺杆两端的紧固螺母不得有松动。

12）应额定起重量大于或等于 3 t 且提升高度大于或等于 2 m 的电动葫芦,每年由有资质的特种设备监督检验技术研究所进行检验、测试,并核发使用合格证后方能使用。

13）应每 5 年对减速器箱进行清洗、换油,对起升电机和运行电机补充润滑脂,对工字钢进行油漆。

2　桥式起重机维护保养内容包括:

1）应每季度检查各润滑部位,油液不足的进行加油或更换油液。

2）应每季度检查钢丝绳,确保无扭转,磨损和断丝不得超过标准。

3）应每季度检查主、副吊钩的上、下限位开关,大、小车行走限位开关,确保开关动作可靠。检查载荷限制器,确保限制动作可靠,声、光报警正常。

4）应每半年检查电气控制箱内的电气设备。如发现电机转子滑环电刷、凸轮控制器等部件出现磨损情况,应及时修复。

5）应每半年检查减速器箱油位、油质,油位偏低时,应及时补充或更换润滑油。

6）应每半年检查减速器箱、液压制动器、推进器等部位渗漏油情况。

7）应每半年检查制动器装置。应及时更换动作异常的制动弹簧、制动臂、制动器杠杆、螺杆等部件。制动轮表面不得有油污等脏物,闸瓦衬料磨损超过 50％应立即更换。

8）应每年检查主、副吊钩,确保无磨损、扭曲、裂缝、变形等情况。检查滑轮组,如有磨损,应及时更换。

9）应每年检查接地线,确保接地线无腐蚀、断裂,连接可靠;接地电阻值不得大于 4 Ω。

10）应每年对钢丝绳表面、滑轮组涂抹防锈油脂。

11）应每 2 年对减速器打开箱盖详细检查 1 次,检查齿轮、轴承、密封零件等磨损情况,并根据要求进行整修或更换。

12）应每 2 年检查轨道,轨道应平直,压板螺栓应紧固,车轮与轨道应无磨损。

13）应每 2 年对齿轮联轴器的润滑、密封、轴向位移、联轴器齿轮磨损情况等进行检查。

14）应每 5 年对减速器箱进行清洗并更换润滑油。

15）应每 5 年对桥架机构的主要焊接件焊缝进行检查,主梁、端梁、主端梁连接等焊缝不得有裂缝和脱焊现象。

16）应每 5 年对起重机的金属结构进行油漆。

17）额定起重量大于或等于 3 t 且提升高度大于或等于 2 m 的桥式起重机,每 2 年应由有资质的特种设备监督检验技术研究所进行检验,并核发使用合格证。

6.5.3　起重设备操作应满足下列要求:

1　电动葫芦操作要求包括:

1）操作人员应经培训后方可操作电动葫芦。

2）使用电动葫芦前,应先进行空载运转,检查升、降、行走机构的灵活性、稳定性以及制动器的可靠性。

3）应根据起吊的重物选用合适的钢丝绳或吊装索具。

4）每次起吊前,应先进行点动操作,等钢丝绳或吊装索具拉紧后再行起吊。

5）起吊过程中,应按"十不吊"的规定进行操作。

6）在正常操作时,不得碰撞轨道两端车挡。

7）不得用电动葫芦将重物长时间吊在空中。

8）操作结束后,应将吊钩升离地面 2 000 mm 以上;露天安装的电动葫芦应停放在悬挑的雨棚下,手持按钮开关应放入专用的开关箱内。

9）操作完成后应关闭电源,锁好电气控制箱箱门。

2 桥式起重机操作要求包括:

1）应由持有有效"特种作业操作证"的专职驾驶员进行操作。

2）每次在开动起重机前,应先发出警告信号。

3）使用起重机前,应先进行空载运转,检查主、副吊钩的上、下限位开关是否动作可靠。应确保大、小车行走平稳、灵活,小车制动可靠。

4）首次起吊重物时,应先将重物起升不大于 500 mm 高度,然后下放重物在未到达地面时停止,以检验制动器动作的可靠性。

5）除紧急危险情况外,在正常吊运工作中,驾驶员应听从专职指挥人员的指挥信号或传呼机对话指令的指挥。

6）吊运的重物捆绑吊挂应牢固平稳,并指定有经验的专人负责挂钩,经试吊后才能进行起运。

7）起吊过程中,应按"十不吊"的规定进行操作。

8）吊运重物时不得从人头上越过,吊运的重物上不得站人。

9）吊运重物时应走指定的"通道",吊运的重物应高于地面上的物件 500 mm 以上。

10）起重机吊重物时,不得采用起重机斜拉斜吊。

11）吊着重物不得在空中作长时间停留。

12）主、副吊钩不得同时起升或下降。

13）起重机接近终端时,应及时停止大车电机的工作,尽可能不触碰终端行程开关或任意碰撞轨道两端的限位车挡。

14）起重机使用完毕,应将大车开至指定位置,并将主、副吊钩升至距地面 2 500 mm 以上,将控制器手柄恢复零位,关闭控制电源,拔下电门锁钥匙,锁好驾驶室门和护栏腰门。

15）驾驶员和指挥人员不得随意离开工作岗位。

6.6 存水泵

6.6.1 存水泵周期性巡视检查应满足下列要求：

1 应每8h巡视检查1次。

2 电器控制箱各信号灯应显示正常,380 V供电正常。

3 存水泵应无故障报警信号。

4 集水坑应无高、低液位报警信号。

5 存水泵运行时应声音正常,无异常振动及异响。

6 控制室模拟屏、工控机或上位机上显示存水泵状态的信号应正常。

6.6.2 存水泵维护保养应满足下列要求：

1 应每季度对控制箱的电气元件进行检查、维护。

2 应每季度检查浮子开关,确保开关完好、无损坏,固定浮子开关的重锤无脱落。

3 应每季度手动启动存水泵1次,以检查水泵运行情况；停泵时,观察回阀关闭声音是否正常。

4 应每年清捞集水坑内的垃圾及存沙。

5 应每2年检测存水泵及连接电缆的绝缘电阻,确保绝缘电阻符合要求。

7 泵站功能系统

7.1 冷却水系统

7.1.1 冷却水系统正常运行时,应进行常态性巡视检查。冷却水系统出现运行故障后应及时维修。

7.1.2 冷却水系统常态性巡视检查应满足下列要求:

1 应每8h对冷却水系统的设备进行例行巡视检查。交接班时,应对冷却水系统运行情况进行交接。

2 电气设备电压、电流、指示器等参数应正常,各控制开关与系统设备的工作状态应相符。

3 冷却塔应工作正常,冷却风机工作性能完好,进出水量基本保持平衡,进出水的温度应符合循环冷却的技术要求,无报警现象。

4 增压泵应工作正常,无异常声响和振动;机械密封性能应完好,无严重渗漏水现象。

5 管道应无开裂、损坏和严重变形,各闸阀开关位置应正确,符合循环冷却水系统的实际工作要求。

6 水位仪的工作情况应正常,水位合适,无冒溢或缺水现象。

7 蓄水池水箱内应无杂物,水箱、管道外表干净整洁。

7.1.3 冷却水系统维护保养应满足下列要求:

1 应每月对备用设备进行1次轮换运行,或试运转5 min～10 min。

2 应每月对管道闸阀开启、关闭一个回合,对管路上的各类仪表进行测试1次。

3 应每3个月对电气控制设备进行1次全面检查和保养。

4 应每3个月对冷却水塔（箱）和系统过滤阀的滤网进行清洗保养1次，对水箱内浮球等零部件完好状况进行逐一检查，并进行防腐处理。

5 应每半年对闸阀的密封条进行检查或更换1次。

6 应每3年对增压泵、电动机、闸阀、管路作防腐或油漆1次，并对循环水管道内水垢进行清理1次，保证循环水压和水量的技术要求。

7 应每半年对蓄水池进行清洗。

7.1.4 冷却水系统故障检修应满足下列要求：

1 应及时更换水箱内损坏的浮球等水暖零件，保证水箱内水位正常。确保冷却水水位最低位时开泵，最高位时停泵。

2 冷却水管道应畅通，电磁阀运行良好。

3 冷却水管道应无渗漏等不良现象。

4 蓄水池进出水控制阀门及浮球阀应运行良好。

7.2 液压系统

7.2.1 液压系统包括电气控制柜、液压站及液压闸阀与液压管道。液压系统正常运行时，应进行常态性巡视检查。液压系统出现运行故障后应及时维修。

7.2.2 电气控制柜常态性巡视检查应满足下列要求：

1 应每2h对液压系统电气控制柜进行检查。

2 控制台各信号灯应显示正常，无报警信号，380V电源供电正常。

3 直流屏应运行正常，各仪表、信号灯显示正常，输出直流电压（DC24V）正常。

4 控制柜内UPS运行正常，PLC运行正常，各输入、输出信号正常。

5 控制台上的"就地、远程"转换开关应在"远程"位。

7.2.3 电气控制柜维护保养应满足下列要求：

1 应每日清扫电气控制柜,无明显积灰和油污,保持电气柜外表清洁。

2 应每半年不少于1次对控制台、直流屏、控制柜进行维护保养,及时修复或调换腐蚀严重的电气元器件。

3 直流屏应每3个月维护保养1次。保养内容包括使用万用表对电池逐一进行电压检测,并与电脑显示的数值进行比对。如发现问题应及时处理,处理完成后紧固连接螺丝,去除表面油污和积灰,重新进行检测扫描。

4 柜内UPS维护可按照本标准第9.5节的有关要求进行。

5 对控制台、直流屏、控制柜进行保养时,液压闸阀应在全关位置,应断开电源,并作好安全措施。

6 不得在带电情况下进行接线和插拔连接件。

7.2.4 液压站常态性巡视检查应满足下列要求：

1 应每2h对液压站进行检查。

2 液压站油箱油位应处于油标的1/2～2/3,油色应清晰正常。

3 蓄能器应压力正常,工作压力应保持在15.5 MPa～18.6 MPa范围内。

4 小油泵应无频繁补油现象。

5 蓄能器、大小油泵、滤油器以及各类液压阀的连接管路均应无漏油现象;如因螺栓松动或密封圈损坏引起漏油,应及时进行处理。

6 蓄能器、大小油泵的压力表应无损坏,压力显示正常。

7 液压站内应无易燃易爆物体,灭火器应在使用期限内,黄沙应满桶。

7.2.5 液压站维护保养应满足下列要求：

1 应每日清扫,无明显积灰和积油,液压站油箱保持清洁。

2 应每季度对大、小油泵滤油器压差发讯装置进行检查;如有报警,应调换滤芯。

3 应每年对液压闸阀进行检查,开、关阀速度应符合制造厂家的技术标准。

4 应每年对大、小油泵的先导式溢流阀进行检查,调整溢流压力,保证系统工作压力在正常范围内。

5 应每年对蓄能器皮囊充气压力进行检查;如低于厂家有关技术标准,应及时进行充气。

6 应每年对减压阀进行检查,出口压力应符合标准;快关回路的插装阀和慢关回路的调速阀应符合工作要求;液压闸阀因故障紧急关阀时,快、慢关阀速度应符合厂家的有关技术标准。

7 应每年对压力继电器进行检查,确保达到设定压力时继电器动作可靠。

8 应每年对液压闸阀的行程开关位置进行检查;如开关动作不可靠,应及时调换。

9 应每5年对液压站大、小油泵进行维护保养。

10 应每5年对液压站油箱进行清洗,过滤或更换液压油,并对液压站外表进行油漆。

11 维护保养时,应满足安全要求。

7.2.6 液压闸阀与液压管道常态性巡视检查应满足下列要求:

1 应每2h对液压闸阀和液压管道进行检查。

2 液压管路、液压闸阀油缸、解锁油缸应无漏油;如有漏油,应及时处理。

3 液压管路支架固定螺栓、解锁油缸固定螺栓应无松动;如有螺栓松动,应及时处理。

4 观察解锁油缸锁定销在锁定位置时的受力情况,如有变形或解锁不到位,应及时进行修复。

5 行程开关应完好,开关位置应正确,固定螺栓应无松动;如有螺栓松动,应及时进行处理。

6 液压闸阀填料处应无严重漏水情况。

7 液压闸阀两端面法兰的紧固螺栓应无松动。

7.2.7 液压闸阀与液压管道维护保养应满足下列要求：

1 应每月至少对液压闸阀进行 1 次清洁保养。

2 液压油缸与闸门的连接装置应无腐蚀损坏。

3 应每年至少打开 1 次阀体下部的排污孔,用压力水冲洗阀体内的污物。

4 应每 3 年更换解锁油缸密封圈,检查锁定销及销套磨损情况并进行整修。

5 应每 4 年更换液压油缸密封圈,检查油缸活塞的油封。

6 应每 5 年更换液压闸阀橡胶填料,对液压闸阀闸板密封圈、阀体密封圈进行检查和修整。

7 应每 5 年对液压闸阀外表进行油漆。

7.2.8 当运行中的水泵发生故障,液压闸阀不能正常关闭时,应采用应急方法进行关阀。

7.2.9 在泵组发生故障跳闸,液压站有较严重的故障使液压闸阀不能关闭时,应马上关闭高位井的出流阀门,使水泵停止倒转,再处理液压站的故障。

7.3 虹吸系统

7.3.1 虹吸系统包括真空中心装置、空气压缩装置、气体排放阀和虹吸破坏阀。虹吸系统正常运行时,应进行常态性巡视检查。虹吸系统出现运行故障后应及时维修。

7.3.2 真空中心装置常态性巡视检查应满足下列要求：

1 应每 2 h 巡视检查 1 次真空中心装置,特殊情况应增加检查次数。检查范围包括电源控制柜、设备实际位置及运行状况、指示器指示状态、真空压力、冷却液压力、真空罐、真空泵、排液槽、控制闸阀、管道、表面清洁等。

2 电源控制柜工作电源电压允许偏差应在额定电压的±10％范围内,长期运行的电源电压允许偏差应在额定电压的±5％范围内。柜面上各控制开关的位置应处于正常工作状态;指示器应完好,显示状态正确。

3 压力表显示值应在正常范围内;压力继电器应工作正常,无拒动和误动现象。

4 冷却液(自来水)压力表显示值应在正常范围内,电磁阀和流量仪工作正常。

5 真空罐外表应无明显变形,各端点和连接点应无真空泄漏。

6 电动机工作状态应良好,无异常声响和振动,绝缘和接地应良好。

7 真空泵工作正常,抽真空速度应无明显减慢,无异常振动和响声,冷却液(自来水)流量正常。

8 排液槽应排液正常、无堵塞,管道无开裂和损坏,冬天无结冰现象。

9 各闸阀位置应与真空中心装置的实际工作状况相符,开关正常、灵活,无损坏,管道无变形和泄漏。

10 各设备外表应无积灰、油污、异物放置和搭挂,设备周围应无杂物堆放。

7.3.3 真空中心装置定期维护保养应满足下列要求:

1 应每日清扫真空中心装置表面,擦净油污,紧固螺栓,确保可靠接地。

2 应每半年对电源控制柜内部进行电压、电流、绝缘电阻测试,检查紧固内部电器部件和连接导线,清洁内部,对各裸露端点进行防腐处理。

3 应每半年对电动机和真空泵进行保养。

4 应每半年对真空罐进行维护保养,保证罐体各连接点紧固、无泄漏。

5 应每半年对金属材质闸阀和管道进行保养,每月对 PVC 材质闸阀和管道进行保养,保证闸阀和管道无损坏、泄漏,PVC 部件无开裂、脱胶。

7.3.4 真空中心装置故障检修应满足下列要求:

1 控制回路应接线正确、牢靠,功能正常,更换部件和导线的材质、规格、绝缘相符,排列整齐、安装牢固。

2 电动机、真空泵修理后的工作能力、机械强度应不低于原设备,电动机、真空泵的噪声、振动和发热应符合产品出厂时的技术要求。更换时,应采用同规格型号、同容量等级的合格产品。

3 修理后的真空罐液面控制阀,应恢复阀芯操作功能和工作的可靠性,保证浮球的控制能力。更换时,应采用同规格型号的合格产品。

4 修理后的真空罐压力继电器应动作灵敏、工作可靠,控制压力保证在正常压力范围内。更换时,应采用同规格型号的合格产品。

5 修理后的冷却液设备应无渗漏,工作压力应在正常范围内。

7.3.5 真空中心装置故障检修后应对下列内容进行检查:

1 电器的外观应完好,绝缘器件无裂纹,闸阀、管道无泄漏,安装方式符合产品技术文件的要求。

2 电器的连接线应排列整齐、美观,标志齐全完好、字迹清楚,接零、接地可靠,绝缘电阻值符合要求。

3 设备活动部件应动作灵活、可靠,继电器压力设置正确,安全保护可靠。

4 设备通电后应操作灵活、可靠,电磁器件无异常声响,自动功能完善正确,工作程序可靠,符合设计及技术文件的要求。

5 真空负压力、冷却液压力应正常,电动机、真空泵以及各工作部件的各项参数符合设计及技术文件的要求。

7.3.6 空气压缩装置常态性巡视检查应满足下列要求:

1 应每2h对空气压缩装置进行1次巡视检查,特殊情况应增加检查次数。检查范围包括电源控制柜、设备运行状况、各位置压力表压力、储气罐、压缩汽缸、传动部件、干燥器、控制闸阀、管道、表面清洁等。

2 电源控制柜工作电源电压允许偏差应在额定电压的±10%范围内,长期运行的电源电压允许偏差应在额定电压的±5%范围内,控制开关的位置应处于正常工作状态。

3 空气压力表显示值应在正常范围内,压力继电器工作正常,无拒动和误动现象。

4 储气罐外表应无明显变形,各端点和连接点应无空气压力泄漏。

5 压缩汽缸工作应无明显异常,汽缸温度应小于70℃,电动机温度应小于50℃。

6 传动轮应无损坏、变形,橡胶轮带应无损伤、老化且松紧适度,主动轮与被动轮的轮槽应保持在一条垂直直线上。

7 干燥器应无异常状况,指针应在绿色区域范围内,干燥器周围应无水滴或液体泄漏。

8 控制闸阀应在正常的工作位置,连接管道应无泄漏和损坏。

9 设备外表应无积灰、油污、异物放置和搭挂,设备周围应无杂物堆放。

7.3.7 空气压缩装置定期维护保养应符合下列要求:

1 应每日对空气压缩装置表面进行除尘,擦净油污,紧固螺栓,确保可靠接地。

2 应每周对储气罐进行备用机工作切换,释放储气罐内的冷凝水。

3 应每半年对电源控制柜与电动机进行电压、电流、绝缘电阻测试,检查紧固内部电器部件和连接导线,清洁内部,对各裸露端点进行防腐处理。

4 应每半年对压缩汽缸进行橡胶密封老化、泄漏检查,进行安全阀、减压阀测试,添加或更换机油,紧固缸体外表检查螺栓。

5 应每月调整传动部件的橡胶轮带至松紧适宜,检查主动轮与被动轮,调整轮槽直线,紧固各固定连接点的螺栓。

6 应每半年释放干燥器内存水,检查密封垫圈,如有损坏则更换;检查连接点压力泄漏情况,并紧固螺栓。

7.3.8 空气压缩装置故障检修应符合下列要求:

1 控制回路应接线正确、牢靠,功能正常;更换部件和导线时,材质、规格、绝缘均应符合要求,排列整齐、安装牢固。

2 电动机、压缩汽缸修理后,工作能力和机械强度不应低于原设备,电动机、压缩汽缸的噪声、振动和发热应符合产品出厂时的技术要求。更换部件时,应采用同规格型号、同容量等级的合格产品。

3 修理后的传动部件,机械强度不应低于原设备。更换部件时,应采用同规格型号、同容量等级的合格产品。

4 干燥器修理后,干燥功能和机械强度不应低于原设备。更换部件时,应采用同规格型号、同容量等级的合格产品。

7.3.9 空气压缩装置故障检修后应对下列内容进行检查:

1 电器安装应牢固、平正,外观完好;压缩汽缸、储气罐、闸阀、管道等器件应无裂纹、泄漏,安装方式应符合产品技术文件的要求。

2 电器的连接线应排列整齐、美观,标志齐全完好、字迹清楚,接零、接地可靠,绝缘电阻值符合要求。

3 设备活动部件应动作灵活、可靠,继电器压力设置正确,安全保护可靠。

4 设备通电后应操作灵活、工作可靠,符合设计及技术文件的要求。

5 电动机、储气罐、压缩气缸等部件的各项参数应符合设计及技术文件的要求。

8 环境治理功能设施

8.1 截流设施

8.1.1 具有防汛功能的泵站宜设置截流设施。截流设施使用应遵循两类目的:一是雨天时对初期雨水进行截流;二是旱天时实现雨水系统的低水位。截流方向的最末端应为污水处理厂。

8.1.2 有截流设施的泵站,泵站管理单位应编制截流设施运行方案,宜以水位作为截流设施运行的控制指标。

8.1.3 旱天情况下系统水位较高时,分流制雨水泵站的截流设施宜保持常开,直到实现系统达到低水位为止。

8.1.4 雨天情况下,分流制雨水泵站的截流设施运行工况应视下游管网运行情况而定,如下游有足够生产余量,则应尽可能多截流来水。

8.1.5 雨天情况下,合流制泵站的截流设施运行应满足预先设定的截流倍数。

8.1.6 市政排水泵站配设的截流设施流量宜可满足系统低水位运行,本市排水系统中截流能力的流量配置不宜小于 $0.1 \ \text{m}^3/\text{s}$。

8.2 调蓄设施

8.2.1 附属调蓄设施的泵站应根据调蓄设施不同特性适时启用或清空调蓄池。

8.2.2 泵站调蓄池运行方式主要包括进水模式、放空模式及清淤冲洗模式。调蓄池运行应设定满足运行方式的启运水位和停运水位。

8.2.3 泵站调蓄池进水模式主要包括降雨进水和旱天进水。当调蓄池进水时,应满足下列条件:

1 当系统水位达到启运水位,且池内水位低于停运水位时(即有调蓄余量),应开始启用调蓄池。

2 进水模式时,不应开启调蓄池出水闸门。

3 进水过程中,为确保调蓄池水位上涨不超过停运水位,应预留闸(阀)门关闭的时间余量。

4 配有格栅的调蓄池应开启格栅除污机。

5 采用重力流进水的调蓄池应正确操作进水闸(阀)门。

6 采用泵送进水调蓄池应按进水水量调整开启台数。

7 当调蓄池水位到达设计最高水位后,应关闭进水闸门或进水水泵。

8.2.4 无特殊情况下,泵站调蓄池放空模式应仅在末端污水厂流量负荷 90% 以下的旱流工况下进行。不同类型的调蓄池池内水可放空并输送至干线管道或排入河道。调蓄池放空时,应满足下列条件:

1 应优先选择重力放空。

2 放空应在下游管道存在富余输送能力期间及时进行,根据实际情况连续多次放空,避免调蓄池未及时放空导致出现不能连续使用的现象。

3 调蓄池自然通风口应畅通;应开启强排风、除臭装置等通风设备。

4 放空模式期间应确保无进水。

5 采用泵送出水的调蓄池应根据下游干管实际情况及调蓄池水位合理运行。

6 采用重力放空的调蓄池应控制下游干管的水位。

7 应及时放空至最低设计水位并开启机械通风。

8 放空后应及时关闭出水闸门。

8.2.5 调蓄池清淤冲洗时,应满足下列条件:

1 根据指令,在每次调蓄池放空后应进行冲洗。

2 每年安排 2 次对调蓄池进行人工清淤。清淤作业时,应确保通风透气,并进行有毒有害和可燃性气体检测;下井操作人员应配备防护装置。

3 冲洗清淤结束后,调蓄池应进入待运行模式。

8.2.6 调蓄管涵包括调蓄箱涵、深隧以及实际发挥调蓄作用的大型连通管。与调蓄管涵连通的泵站应编制独立的运行方案,确保调蓄管涵发挥削减洪峰流量和径流污染控制作用。

8.2.7 调蓄池及调蓄管涵应设置单独或联合的除臭设施,除臭设施运行标准可参照本标准第 8.3 节。

8.2.8 配设调蓄设施的泵站应根据调蓄设施调蓄目的,做好下列调蓄设施运行维护工作:

1 调蓄设施进水模式、放空模式和冲洗清淤模式执行应保存记录。

2 调蓄设施在放空模式后应保持空池状态,以保障在下次的使用。

3 调蓄设施应加强日常检查和维护保养。检查维修频次:汛期每月不少于 1 次,非汛期每 2 个月 1 次。

4 调蓄设施长时间未使用(或未彻底放空),清淤冲洗前,应进行有毒有害和可燃性气体检测。

5 调蓄设施内的设施设备维护应符合下列规定:

1) 调蓄设施内的水泵、电器设备、进水和出水设施、仪表与自控、辅助设施的检查、保养和维护应符合现行行业标准《城镇排水管渠与泵站运行、维护及安全技术规程》CJJ 68 的有关规定,并做好检查维修的记录。

2) 水力冲洗翻斗转动部位应润滑良好;冲洗给水阀应不漏水,控制性能良好;冲洗给水水压应正常;冲洗水箱应每年清洗 1 次。

3）冲洗门液压装置应完好、无渗漏；液压油应定期更换；冲洗门转动部位应润滑良好；冲洗门表面应每年清洗1次。

4）除臭装置中，应定期更换吸附介质，保证除臭设施质量；应避免离子灯管等设备对工作人员的健康伤害；应做好喷淋环节对相关设施设备、控制系统的腐蚀保护。

6　监视与测量装置应确保完好，保证测量数据可信；应按照现行国家标准《可燃气体探测器》GB 15322 和《硫化氢职业危害防护导则》GBZ/T 259，并结合企业安全标准规范设置报警阈值。

7　应定期测量调蓄设施的气体数据并保持记录，按要求对调蓄设施内安装的除臭装置及通风装置进行保养及维护，保持完好；在人员进入调蓄设施工作区域操作前，应保持通风并复核相关数据，确保人身安全。

8　调蓄设施应保持自然通风口通畅，不得密闭、堵塞或缩小原设计口径。

9　对调蓄设施设备故障（或其他原因），造成调蓄设施不正常进水的情况，应及时排空。

10　调蓄设施下池检查保养应每年不少于 1 次，宜安排在每年汛后至次年汛前进行。作业人员下池前，应保持开启通风除臭设备，达到安全标准后方可下池作业。

8.3　除臭设施

8.3.1　泵站除臭运行效果应符合现行上海市地方标准《恶臭（异味）污染物排放标准》DB31/1025 的规定。除臭设施排气口宜设置在线监测设备。除臭设施主要包括高能光离子除臭装置、生物滴滤除臭装置、化学除臭装置和活性炭（化学滤料）吸附装置等组件。

8.3.2 高能光离子除臭装置巡视检查、维护保养、操作应满足下列要求：

1 运行前检查高能光离子除臭装置，并应符合下列规定：

　　1）设备外部应无异常情况，风管无脱落，旁板无松动、脱落。

　　2）当设备被水浸淹时，浸没深度不得超过设备底座。

　　3）气体收集处应关闭的风口关闭，应打开的风口打开。

　　4）检查进出口检测仪表应显示正常。

2 运行时检查高能光离子除臭装置，并应符合下列规定：

　　1）应每4h巡视检查1次，特殊情况应增加检查次数。

　　2）风机电动机运转应和顺，无异常声或"嗡嗡"电机缺相运转声。

　　3）转子流量计流量应在正常范围。

　　4）系统给水管路应无漏水、渗水现象。

　　5）风管和箱体应无漏水、漏气和异常振动。

　　6）触摸屏所显示的高能发光管应正常工作。

　　7）气体处理设备运行中不应存在高温的橡胶味、塑料味、油漆味和机油味。

　　8）处理后气体的硫化氢、氨、可燃气体、臭氧浓度应符合相应标准，去除率应达到设计标准。

3 运行后检查高能光离子除臭装置，并应符合下列规定：

　　1）装置运行过程中发生的故障应做好记录。

　　2）应及时调整气体收集处的风口状态，确保该关闭的关闭、该打开的打开。

　　3）应关闭气体处理设备的电源。

4 应定期对高能光离子除臭装置进行维护保养，并应符合下列规定：

　　1）应每半年清理1次风机内部的积灰、污垢等杂质，防止生锈腐蚀。

2）应每半年检查清理光触媒板，清洗离子发生器，并去除附着在反应器壁和电极上的沉积物。

3）应每年对气体传感器进行定标，确保数据测量准确性、可靠性。

4）应每年更换失效的光触媒材料。

5）应每月 2 次对排水水箱换水。如果废气酸碱性较强，pH 显示超标，则应进行人工不定期换水，防止腐蚀设备。

6）如经历非正常浓度气体后应进行保养。

7）长期不运行气体处理设备，应每周运行 15 min 以上，并观察气体处理设备外观有无异常，做好记录。

8）应每年对控制箱的电气元件进行检查、维护。

5　高能光离子除臭装置有自动运行、手动运行和时间运行三种运行模式。一般情况下宜选择自动运行模式。

8.3.3　生物滴滤除臭装置巡视检查、维护保养、操作应满足下列要求：

1　运行前检查生物滴滤除臭装置，并应符合下列规定：

1）生物滴滤除臭装置运行前检查要求可按照本标准第 6.3.2 条进行。

2）滴滤液中应添加并维持足量的微生物所需营养物质，并保持一定温度和湿度。

2　运行时检查生物滴滤除臭装置，并应符合下列规定：

1）应每 4 h 巡视检查 1 次，特殊情况应增加检查次数。

2）应监测装置渗出液的 pH 值等相关指标，并根据渗出液水质变化调整喷淋系统运行条件。

3）应对生物滴滤除臭装置的填料层压降进行监测。当填料层压降异常升高时，应分析原因并及时采取措施。

4）应定期检查填料层板结、压实、破碎等情况。

5）处理后气体的硫化氢、氨、可燃气体浓度应符合相应标准，去除率应达到设计标准。

3 定期对生物滴滤除臭装置进行维护保养,并应符合下列规定:

    1)所选微生物宜为多种菌组合的复合微生物菌群,应可降解多种恶臭气体物质,且具有稳定性、安全性和对当地环境的适应性。滤料失效后应及时更换,更换周期不宜大于 3 年。

    2)更换下来的微生物填料应得到无害化处理和处置,不得随意堆放、污染环境。

    3)应每月 2 次清理储液槽。

    4)每年应对气体传感器进行定标,确保数据测量准确性、可靠性。

    5)应定期检查喷头堵塞情况,及时清洁或更换堵塞的喷头。

    6)每年应对控制箱的电气元件进行检查、维护。

4 操作生物滴滤除臭装置时,应符合下列规定:

    1)根据监测数据及工艺要求,开启喷淋系统,向生物滤料中喷洒营养液和 pH 调节液,维持微生物的正常生长环境。

    2)系统宜连续运行,生物除臭系统如不需连续运行,可定期通气并喷淋,防止填料层产生厌氧区或干燥板结。

    3)运行过程中,当生物滴滤系统出现大量脱膜、生物膜过度膨胀、生物过滤床板结、土壤床出现孔洞短流等情况时,应及时查明原因,并采取有效措施处理。

    4)定期检查生物洗涤塔和滴滤塔的填料,出现挂碱过厚、下沉、粉化等情况时,应及时处理、补充或更换。

8.3.4 化学除臭装置巡视检查、维护保养、操作和应急处置应满足下列要求:

    1 运行前检查化学除臭装置,并应符合下列规定:

        1)化学法除臭装置运行前检查要求可按照本标准第 6.3.2 条进行。

2） 补碱、补酸、补水、洗涤循环管道上的手动蝶阀应处于开启状态，电动蝶阀、电磁阀应处于可正常使用状态。

3） 储液池的排空阀应处于关闭状态。

2 运行时检查化学除臭装置，并应符合下列规定：

1） 化学法除臭装置运行中检查要求可按照本标准第6.3.2条进行。

2） 对填料塔中填料层压降进行监测。当填料层压降异常升高时，应分析原因并及时采取措施。

3） 处理后气体的硫化氢、氨、可燃气体浓度应符合相应标准，去除率应达到设计标准。

3 定期对化学除臭装置进行维护保养，并应符合下列规定：

1） 应每半年清理1次风机内部的积灰、污垢等杂质，防止生锈腐蚀。

2） 应根据填料压降上升情况，及时对填料进行清洗或更换。

3） 应每年对气体传感器进行定标，确保数据测量准确性、可靠性。

4） 应定期检查喷头堵塞情况，及时清洁或更换堵塞的喷头。

5） 应每年对控制箱的电气元件进行检查、维护。

4 操作化学除臭装置时，应符合下列规定：

1） 应根据设计确定的吸收剂浓度配制吸收剂溶液，做到浓度均匀。

2） 在臭气收集系统启动前应先启动吸收液喷淋系统，使吸收塔内的所有填料被吸收液湿润。

3） 臭气收集系统启动后，应根据臭气排放浓度调节液气比以及吸收液循环比率。

5 应急处置化学除臭装置时，应符合下列规定：

1） 碱液触及皮肤时，应立即用硼酸水溶液清洗；酸液触及皮肤时,应立即用大量水冲洗,并涂上浓度为 3% 左右的碳酸氢钠;次氯酸钠触及皮肤时,应立即用碳酸氢钠溶液冲洗。随后应立即就医。

2）碱液如溅入眼睛里,应立即用大量硼酸水溶液清洗;酸液如溅入眼睛里,应立即用清水冲洗;次氯酸钠触及眼睛,应立即用清水冲洗。随后应立即就医。

8.3.5 活性碳吸附装置巡视检查应满足下列要求:

1 进出风口阀门应运行正常。

2 正常运转时,活性炭吸附装置检修门和装卸料口应扣紧。

3 每 8 h 检查仓室中活性炭是否饱和、堵塞,若饱和、堵塞应及时更换。

4 换下的活性炭处置应按照国家固体废物污染环境防治法相关要求执行。

5 宜采用更环保的吸附材料替代活性炭吸附,如化学滤料等。

8.4 来水简易净化设施

8.4.1 来水简易净化设施主要包括为减少泵站排放水体对河道环境影响,在站内外安装的集水井漂浮垃圾清捞装置、泵站排口垃圾拦截装置等。

8.4.2 漂浮垃圾清捞装置日常运行应以集水井水面无漂浮垃圾为目标,如确无实现可能的,每 2 h 至少应使用 1 次。

8.4.3 漂浮垃圾清捞装置应常态性巡视检查并符合下列规定:

1 应每小时巡视检查 1 次。

2 外部结构应无明显缺陷故障,各部无卡堵。

3 各限位开关应正常,无超行程。

4 指示灯显示应正常。

5 垃圾桶应有足够余量。

6 运行时应平稳,无异常振动和声响。

7 使用中发现异常,应立即停止运行。

8 应确保过滤网筛孔无堵塞,保证过滤垃圾的顺畅。

8.4.4 漂浮垃圾清捞装置应定期维护保养并符合下列规定:

1 应定期清洗螺旋杆管道,防止异味产生和油污垃圾锈蚀管道。

2 应及时清理螺旋杆管道异物,防止运行时卡堵。

3 应每3个月对链条和链轮进行加油。

4 应每半年对液位传感器、耐压传感器等设备进行维护保养,并进行必要的修复或更换。

5 应每年对控制箱的电气元件进行检查、维护。

8.4.5 泵站排口垃圾拦截装置应在每次泵站放江时使用。

8.4.6 泵站排口垃圾拦截装置运行过程应常态性巡视检查并符合下列规定:

1 每次泵站放江后应查看装置内垃圾拦截情况,并及时进行清理。

2 应及时清理拦截网眼缠绕垃圾,减少垃圾逸散。

3 汛期应加强装置底板清理工作,减少沉积垃圾因大水量冲击造成上浮。

8.4.7 泵站排口垃圾拦截装置应定期维护保养并符合下列规定:

1 应每半年对设备进行维护保养,并对拦截网等关键设备进行必要的修复或更换。

2 应每年对控制箱的电气元件进行检查、维护。

9 泵站自动化控制系统

9.1 仪　表

9.1.1 泵站仪表包括液位仪、硫化氢测定仪、复合气体探测仪、流量计、雨量仪、温度检测仪、振动仪、转速表、电气仪表、流量开关和压力开关等。泵站运行时,应对仪表进行周期性巡视检查,检查应满足下列要求:

　　1 每天至少 2 次对固定安装的仪表进行巡视检查,特殊情况应增加巡视检查次数。

　　2 确认与安全相关的仪表指示、记录在正常范围。

　　3 确认与运行相关仪表读数有完整记录。

　　4 仪表本体和连接件应无损坏和腐蚀情况。

9.1.2 仪表维护保养应满足下列要求:

　　1 新装仪表应先检后用,即使用前送至质量技术监督局或其授权的计量检定机构进行校准,合格后才能使用。

　　2 检定应满足下列要求:

　　　　1）计量出(或进)水流量计、硫化氢测定仪、复合气体探测仪检定频次为每年 1 次,检定应送具有资质的专业检定单位。

　　　　2）雨量仪每年汛前应自行校验 1 次。

　　　　3）仪表数据仅在检定有效期内有效。

　　　　4）应做好资料和记录管理,包括:

　　　　（1）编号和标识:仪表按统一格式和要求进行标号,凡在用或禁用或封存的仪表在其醒目的位置贴有填写正确的编号标志、合格证和准用或限用或禁用或停用等标志。

（2）记录：为在用、禁用和停用的仪表建立记录台账和历史记录卡，每年编制下一年度仪表周期检定计划和维护计划。

（3）仪表的产品说明书、合格证、保修卡（单）及检定证书或测试报告等应由管理员保存。

9.2　自动控制及监视系统

9.2.1　自动控制及监视系统，应按用户手册的要求进行巡视检查及日常维护。

9.2.2　自动控制及监视系统控制方式应至少满足本地控制和远程控制。

9.2.3　自动控制及监视系统软件宜包含下列应用功能：

　　1　上位机综合监控系统可显示各泵站分布情况，各泵站现场各类工艺设备设施运行状态、自动化仪表监测数据，并可下达各类控制指令至 PLC 现场控制站。

　　2　上位机综合监控系统在授权情况下，可以人机界面形式对下属水泵、格栅除污机、螺旋输送机、压榨机、电动闸门、电动阀门、存水泵、冷却水电磁阀、除臭设备、UPS 等进行远程监控。

　　3　上位机综合监控系统可以嵌入方式显示视频、门禁、感烟报警、安全报警、紧急报警、围界系统等运行信息。

9.3　主控工业计算机

9.3.1　工业控制计算机周围严禁外来强磁场，计算机房应有防静电措施。

9.3.2　电源系统（如 UPS 等）供电应正常。

9.3.3　不得在操作台上放置杂物，主机、打印机、键盘、显示器上禁止堆放物体。

9.3.4 不得随意搬动主机箱,确保计算机不受到冲击震动。

9.3.5 不得使用外来 U 盘。

9.3.6 硬盘读盘时不可突然关机或断电,不得对各种配件或接口在开机的状态下插拔(支持热插拔的设备除外)。

9.3.7 每周应对电源、光驱、软驱、机箱内部、显示器、键盘、鼠标等进行除尘清洁。

9.4 PLC/RTU 控制柜

9.4.1 泵站运行时应对 PLC/RTU 控制柜进行周期性巡视检查,检查应满足下列要求:

1 应每日巡视检查电源系统和 CPU 运行情况、系统供电情况、PLC 工作温度等。

2 室内和柜内应清洁、干燥、通风良好,环境温度正常,无阳光直射到设备上。

3 周围应无严重尘土,无爆炸危险介质,无腐蚀金属和破坏绝缘的有害气体。

4 PLC 系统软硬件应运行良好,模块上指示灯显示正常:

 1) 外围设备及仪表输入信号应保持畅通。

 2) PLC 与其他仪表的公共接地电阻值应在正常范围,电涌保护器 SPD 或滤波器工作良好。

 3) 屏内各部件应接触良好,无放电及异响。

 4) 仪器仪表等检测设备应良好。

 5) 各通信信道应运行正常。

 6) 控制柜内各 PLC 模块不得带电拔插。

 7) 控制柜上的控制模式转换开关在设备运行中不得转换。

9.4.2 泵站运行时应对 PLC/RTU 控制柜进行周期性维护保养,维护保养应满足下列要求:

1 应每半年对 PLC/RTU 控制柜进行维护保养 1 次。

2 应确保电源交直流电压在规定范围内。

3 应确保周围温度、湿度、粉尘等符合要求。

4 应确保 I/O 端子上电压在基准范围内。

5 各单元应安装牢固,端子无松动,电缆无断裂老化现象。

6 输出继电器触点接触应良好,无损坏、灼黑迹象。

7 应妥善备份 PLC 用户程序,保管好程序地址表。

9.5 UPS 系统(不间断电源系统)

9.5.1 UPS 系统周期性巡视检查应满足下列要求:

1 UPS 系统设备应清洁、环境干燥、通风良好,环境温度正常,无阳光直射到设备上,附近无热源。

2 UPS 系统设备运行各信号指示灯应显示正常,无报警。

3 UPS 系统设备通风装置应运行良好,风道保持畅通。

4 当市电较长时间断电时,应及时断开 UPS,并切断其所带的蓄电池。

5 自带蓄电池的 UPS 长期不用时,每个月内不应少于 1 次将 UPS 接市电进行 24 h 充电。

6 外带蓄电池的 UPS 运行时,应每月 1 次检查其浮充电电压。

9.5.2 UPS 系统维护保养应满足下列要求:

1 应每半年对 UPS 系统设备进行 1 次维护保养。

2 UPS 系统设备输入、输出电压应正常。

3 应对通风系统中线路板等易积尘的部件进行清洁。

4 各电池的端电压应在额定范围内,并保持均衡。

9.6 显示设备

9.6.1 显示设备电源组件应运行正常,输入/输出电压应在正常范围内,散热风扇应运行良好。

9.6.2 显示设备周围应清洁、干燥、通风良好,环境温度正常,无阳光直射到设备上。

9.6.3 显示设备周围应无严重尘土,无强电磁场源,无爆炸危险介质,无腐蚀性气体和破坏绝缘的有害物质。

9.6.4 不得用任何尖锐和锋利的物件对显示设备进行操作。

9.6.5 显示设备表面应清洁干净,无水滴、油污和灰尘等,定期用软抹布清洁屏面。

9.6.6 显示设备接口和连接线应连接良好。

10 泵站构筑物

10.1 泵站主要构筑物

10.1.1 集水井日常管理应满足下列要求：

    1 井内壁的混凝土保护层出现剥落、裂缝、腐蚀时，应及时修复。

    2 井四周的栏杆、扶梯应定期除锈、刷漆和清洁。

    3 井水面垃圾应及时清捞。

    4 应每 6 个月～9 个月抽低集水井水位，冲洗井壁。

    5 应每月对井内的水位标尺进行清洗。

    6 井内淤泥高度达到进水管底时，应派专人及时清捞。

    7 在有条件的集水井处应设置固定水质监测取样点。

10.1.2 压力井日常管理应满足下列要求：

    1 出水压力井应无渗漏水和漏气现象。

    2 当密封橡胶止水带、钢板、螺栓出现老化和腐蚀时，应及时修复。

    3 应经常检查压力井的透气孔，保证透气孔不堵塞。

10.1.3 高位井日常管理应满足下列要求：

    1 应及时修复高位井内壁、平台混凝土保护层出现的剥落、裂缝、腐蚀现象。

    2 应每 6 个月～9 个月对高位井四周的栏杆、扶梯进行除锈、刷漆和清洁。

    3 应定期冲洗高位井内的井壁。

    4 应每月对高位井内的水位标尺进行清洗。

10.1.4 高位水箱(循环水箱)日常管理应满足下列要求：

1 应及时修复高位水箱内壁混凝土保护层出现的剥落、裂缝、腐蚀现象。

2 管道出现裂缝、砂眼等情况时，应及时调换。

3 浮球若发生故障，应及时修复。

4 应每6个月～9个月对高位水箱四周的栏杆、扶梯进行除锈、刷漆和清洁。

10.2 泵站附属构筑物

10.2.1 屋面日常管理应满足下列要求：

1 应定期检查屋面。天沟及落水管出现堵塞情况时，应及时清理、疏通，保护屋面排水畅通；屋面防水层出现裂缝、起壳等情况时，应及时修复。

2 当屋面出现渗漏水时，应立即修理。

10.2.2 泵房下部结构内壁、底板混凝土保护层出现剥落、裂缝、腐蚀时，应及时予以修复。

10.2.3 地砖、地面涂层发现部分裂缝、破损、脱落、高低不平的，应凿除损坏部分，按原样予以修复。

10.2.4 走道板日常管理应符合下列要求：

1 混凝土走道板保护层出现剥落、裂缝、腐蚀时，应及时修复。

2 应每半年对铁制走道板进行除锈、刷漆及清洁。

3 玻璃钢走道板出现裂缝、老化等情况时，应及时调换。

10.2.5 电缆沟日常管理应满足下列要求：

1 应定期检查电缆沟。电缆沟内壁混凝土保护层或粉刷层出现剥落、裂缝、腐蚀或起壳等情况时，应及时予以修复。

2 电缆沟的过墙管空隙应封堵严密，一旦发现出现裂缝、空隙、渗漏水等情况应及时修复。

10.2.6 楼梯、栏杆日常管理应满足下列要求：

1 应每半年对构筑物内的楼梯扶手、踏步、栏杆进行除锈、刷漆、清洁。

2 应每6个月～9个月对外爬扶梯进行除锈、刷漆、清洁。

10.2.7 门窗日常管理应满足下列要求：

1 当门、窗出现变形、损坏、锈烂时，应及时修复。

2 变压器间、配电间的门窗应经常检查。一旦发现门窗有缝隙、网罩有孔洞、百叶窗有损坏，应立即修复。

10.2.8 电梯日常管理应满足下列要求：

1 应由专业单位定期对电梯进行维护保养。

2 应由持证上岗的专业人员定期进行巡视检查，发现问题应立即进行维修。

10.2.9 防雷设施日常管理应满足下列要求：

1 在雷雨季节时，应每月巡视检查1次。

2 避雷针焊接部分应无断裂、锈蚀，接地引下线应焊接牢靠。

3 避雷器套瓷管应保持清洁，无破损、裂纹及放电闪烙痕迹。

4 避雷器内部应无异常响声。

5 避雷器安装、拆除的技术动作应正确。

11　消防与安全

11.0.1　在泵站内进行巡视、检修、清淤、施工等相关作业人员应持证上岗,并应事先完成相关安全流程,接受安全培训;每次作业前,应进行现场安全交底。

11.0.2　进入集水井、压力井、调蓄池、高位井等区域作业,作业人员应经过专业潜水作业培训,持证上岗,佩戴潜水呼吸器等专业潜水装备作业。作业时,应落实现场"一对一"监护措施(硫化氢监护、防坠落监护)。

11.0.3　工作人员进入集水井、压力井、调蓄池、高位井前,应对池内工作区域进行有效通风,确保安全。

11.0.4　工作人员进入集水井、压力井、调蓄池、高位井前,应采取佩戴防毒面具、携带便携式硫化氢检测仪、可燃气体检测仪等防护措施。

11.0.5　集水井、压力井、调蓄池、高位井井口严禁堆放物品,下井、下池人员应佩戴安全帽、安全带等安全防护用具。

11.0.6　进入调蓄池等有毒有害空间的通道、楼梯,应设置必要的栏杆等安全保护措施;爬梯应采用能够在污水环境下防腐蚀的材质,并设置护栏。

11.0.7　变配电站内应无易燃易爆物体,灭火器应在使用期限内,黄沙满桶,泄油槽无堵塞。

11.0.8　在切断开关进行设备检修时,应挂牌警示,避免误操作引发事故。

11.0.9　消防应急照明灯使用应满足下列要求:

　　1　消防应急照明灯保持清洁干净,生产商标及操作指示说明等文字清晰。

2 照明灯外观无撞击、刮损痕迹,灯罩完好、无破裂。

3 照明灯"充电""故障""主电"指示灯能按各种工作状态正常显示,"试验""开""关"按键能正常动作。

4 照明灯光指示方位指向疏散通道地面或疏散通道口。

5 切断主供电电源或按下"试验"按键时,照明灯紧急备用电源能供电并切换到照明状态。

11.0.10 泵站消防沙池管理应满足下列要求:

1 消防沙池工具箱箱内物品(沙桶、铁锹)齐全。

2 箱门能正常开、关,关闭时严密,箱门拉把不缺损。

3 池内黄沙充足,黄沙不可受潮结块;若结块,应捣碎或更换;若长杂草,应及时清除。

11.0.11 泵站配备其他消防设施应满足下列要求:

1 消火栓、水枪及水龙带每年试压。

2 灭火器、沙桶消防器材按消防要求配置并定点放置,按要求定期检查更换。

3 做好露天消防设施的防冻措施。

4 消防安全标志、安全疏散指示标志、应急照明保持齐全完好。

5 安全出口、消防通道保持畅通。

6 灭火器配置方式符合现行国家标准《建筑灭火器配置设计规范》GB 50140 的有关规定。

7 定期对值班员进行消防器材使用及安全教育培训。

11.0.12 火灾报警系统(FAS)保养应满足下列条件:

1 对火灾报警系统进行 24 h 监控;每日按泵站巡视要求对设备进行巡检,检查和记录各设备工作状态。

2 每日清洁图形工作站主机、显示屏、键盘和鼠标,保持工作台和设备外部整洁、无积灰。

3 每 2 个月对双电源自切箱进行失电自切试验,断电切换和 UPS 供电时,设备工作正常。

4 每 2 年对烟感探测器集中清洗 1 次。

5 每年对火灾报警系统进行消防年检。

11.0.13 安全标志使用应满足下列要求：

1 安全色的使用符合现行国家标准《安全色》GB 2893 的有关规定，安全色的表达意义及其对比色应符合表 11.0.13 的规定。

表 11.0.13 安全色的表达意义及其对比色

安全色	表达意义	对比色
红色	传递禁止、停止、危险或提示消防设备、设施的信息	白色
黄色	传递注意、警告的信息	黑色
蓝色	传递必须遵守规定的指令性信息	白色
绿色	传递安全的提示性信息	白色

2 安全标志的使用符合现行国家标准《安全标志及其使用导则》GB 2894 的有关规定。

3 安全标志牌设置在易发生事故或危险性较大的工作场所中醒目的位置。

4 安全标志牌不应设在门、窗、架等可移动物体上，标志牌设置的高度与人眼视线高度一致。

5 为引起对不安全因素的注意，预防事故发生，泵站内的消防设备、机器转动部件的裸露部分、起重机吊钩、紧急通道、易碰撞处、有危险的器材或易坠落处（如护栏、扶梯、井、洞口等），应按标准绘制规定的安全色。

6 在泵站内可能发生坠落、物体打击、触电、误操作、机械伤害、燃爆、有毒气体伤害、溺水等事故的地方，应按标准设置安全标志。

11.0.14 电气安全用具使用应满足下列要求：

1 各类安全用具统一编号，定点放置，妥善保管。

2 安全用具在使用前进行有效性和有效期检查。

3 每半年对绝缘手套、绝缘靴、安全带、安全绳、竹（木）梯进行检查和试验。

4 每年对高压验电器、绝缘棒、绝缘夹钳、放电棒、绝缘垫、绝缘毯进行检查和试验。

5 电气安全用具产品符合国家、行业有关的法律法规、强制性标准及技术标准，并由质量监督检验机构出具鉴定报告。

6 电气安全用具预防性试验检测由专业资质单位进行，检测合格后应贴合格标志。

11.0.15 防毒防爆用具使用应满足下列要求：

1 防毒防爆仪表保持完好，有毒有害气体检测仪表的使用与维护符合现行国家标准《工作场所有毒气体检测报警装置设置规范》GBZ/T 223 的规定。

2 定期检查防毒面具，滤毒盒（罐）使用符合产品规定。使用滤毒盒的防毒面具，开封期限和使用期间在产品说明书有效期内。

3 泵站防毒防爆仪表定期经专业计量部门或授权单位检验，并建立档案资料，包括记录仪表类型、数量、设置位置、检测机构、维修人员和日期等有关情况。

11.0.16 周界报警系统维护应满足下列要求：

1 系统的供电系统每年检查、维护 1 次。

2 系统的接地、接零和防雷设施每年检查、维护 1 次。

3 系统防区完整性、报警及时性、准确性每月至少检查 1 次。

4 系统终端监控计算机报警存储完整性、准确性每月至少检查 1 次。

12 泵站网络与信息安全

12.0.1 泵站网络系统应符合相关法规的有关规定,在确保安全的原则下依法提供服务。

12.0.2 网络设施使用应落实责任制,明确责任人和职责,细化工作措施和流程,建立完善管理制度和实施办法,确保使用网络和提供信息服务的安全。

12.0.3 泵站网络管理单位应接受并配合公安机关的安全监督、检查和指导,如实向公安机关提供有关安全保护的信息、资料及数据文件。

12.0.4 泵站网络管理单位应制定相应安全教育和培训制度,加大宣传教育力度,增强员工网络安全意识。

12.0.5 泵站网络管理单位应定期对相关部门负责人进行培训,提高专业水平。

12.0.6 信息应及时做备份。

12.0.7 所有接入互联网的计算机应使用经公安机关检测合格的防病毒产品,并定期下载病毒特征码对杀毒软件升级,确保计算机不会受到已发现的病毒攻击。

12.0.8 应确保物理网络安全,防范因为物理介质、信号辐射等造成的安全风险。

12.0.9 应采用网络安全控制技术,联网单位应采用防火墙、黑客入侵检测系统(IDS)等设备对网络安全进行防护。

12.0.10 应使用漏洞扫描软件扫描系统漏洞,关闭不必要的服务端口。

12.0.11 应制定口令管理制度,防止系统口令泄露和被暴力破解。

12.0.12 应对最新发现的安全漏洞及时进行修补,并定期进行检测。

12.0.13 应采用黑客入侵检测系统(IDS),在服务器上部署入侵检测探头,自动不间断地实时监控网络活动,及时识别可疑的入侵迹象,分析入侵信号,将任何的黑客入侵现象实时报警到实时安全监控中心,记录攻击源和攻击过程,提供补救方法以及阻断等措施,最大限度地保护网络和服务器系统的安全。

附录 A 设备检修维护表

表 A 设备检修维护表

操作内容			编号	
泵站名		设备名	设备型号	
维修/检查班组		维修/检查时间	年　月　日　时　分	
维修/检查具体内容				
1				
2				
…				
安全及技术交底				
序号	交底内容			
1	加强安全教育和作业前安全交底,做好"传、帮、带",加强现场巡视和检查			
2	作业人员正确佩戴安全保护工具;作业时统一指挥,动作协调,防止意外发生			
3	在孔和洞口边作业设置保护措施			
4	作业人员必须持证上岗			
5	有毒有害气体区域必须配备探测仪,并设专人实时跟踪监测气体浓度的变化			
6	保持现场通风,以便驱散或稀释可能聚集的有毒有害气体			
7	落实应急抢救预案			
交底人		操作负责人	交底时间	
泵站负责人				
被交底人签字				
备注				

附录 B 倒闸操作票

表 B 倒闸操作票

编号（调度）　　　　　　　编号（站）

受令人					受令时间			年　　月　　日　　时				
操作时间		年　　月　　日　　时　　分开始						日　　时　　分终结				
操作任务												
顺序				操　作　项　目								√
1												
2												
3												
4												
5												
6												
7												
8												
9												
10												
11												
12												
13												
14												
15												
16												
17												
18												
19												
20												
…												

调度员（发令人）　　　　　　　　　　　　　监护人操作人

附录 C 泵站生产运行记录表

表 C 泵站生产运行记录表

单位：　　　　　　　　泵站：　　　　　　　　记录人：　　　　　　　　编号：

日期		姓名	班次	时间		车号	开车		停车		流量计读数(h)	开车性质								电压(V)	电流			闸门				电度表Ⅰ			电度表Ⅱ			灯表Ⅰ	灯表Ⅱ	备注
月	日			到站	离站		水位时间(m)		水位时间(m)			输送回笼	旱流	降雨	试车	配合	检修	预抽控		开车	停车	类别	开		关		有功感性	无功容性		有功感性	无功容性				
																							水位时间(m)		水位时间(m)										

本标准用词说明

1 为便于在执行本标准条文时区别对待，对要求严格程度不同的用词说明如下：

1）表示很严格，非这样做不可的用词：

正面词采用"必须"；

反面词采用"严禁"。

2）表示严格，在正常情况下均应这样做的用词：

正面词采用"应"；

反面词采用"不应"或"不得"。

3）表示允许稍有选择，在条件许可时，首先应这样做的用词：

正面词采用"宜"或"可"；

反面词采用"不宜"。

4）表示有选择，在一定条件下可以这样做的用词，采用"可"。

2 本标准条文中指定应按其他有关标准、规范执行时，写法为"应符合……的规定"或"应按……执行"。

引用标准名录

1 《滚动轴承　向心轴承　产品几何技术规范(GPS)和公差值》GB/T 307.1

2 《安全色》GB 2893

3 《安全标志及其使用导则》GB 2894

4 《滚动轴承　游隙　第 1 部分:向心轴承的径向游隙》GB/T 4604.1

5 《滚动轴承　游隙　第 2 部分:四点接触球轴承的轴向游隙》GB/T 4604.2

6 《电业安全工作规程》GB 26164

7 《可燃气体探测器》GB 15322

8 《电力安全工作规程　电力线路部分》GB 26859

9 《电力安全工作规程　发电厂和变电站电气部分》GB 26860

10 《35 kV~110 kV 变电站设计规范》GB 50059

11 《建筑灭火器配置设计规范》GB 50140

12 《电气装置安装工程　母线装置施工及验收规范》GB 50149

13 《电气装置安装工程　电气设备交接试验标准》GB 50150

14 《电气装置安装工程　接地装置施工及验收规范》GB 50169

15 《电气装置安装工程　低压电器施工及验收规范》GB 50254

16 《工作场所有毒气体检测报警装置设置规范》GBZ/T 223

17 《硫化氢职业危害防护导则》GBZ/T 259

18 《城镇排水管渠与泵站运行、维护及安全技术规程》CJJ 68

19 《建筑施工高处作业安全技术规范》JGJ 80

20 《恶臭(异味)污染物排放标准》DB31/1025

标准上一版编制单位及人员信息

DG/TJ 08—2045—2008

主 编 单 位：上海市城市排水市南运营有限公司

参 编 单 位：上海市城市排水市中运营有限公司

上海市城市排水市北运营有限公司

上海市排水行业技师协会

主要起草人：麦穗海　葛惠华　李建勇　王荣生　杨彩凤

鲁年喜　程晓波　林邦辉　周存湘　王美玲

陈吉明　石君华　严晔明　诸津佛　沈伟春

严　斌　刘铁树　刘　玮　诸宜东　王振宇

周志强　余凯华　应　费　吴　军　丁辉明

上海市工程建设规范

大型泵站设备设施运行标准

DG/TJ 08—2045—2022
J 11320—2022

条 文 说 明

2024　上海

目　次

Contents

4 水泵机组

4.1 水 泵

4.1.1 水泵机组包括水泵和电动机组等。水泵机组是泵站生产核心部件,应遵循从源头到末端的全过程管理和控制。泵站运行过程中应保证水泵和电动机组设备的正常运转。

4.1.6 水泵机组定期检修应满足下列要求:

　　13 水泵定期检修后应提供下述资料,并参照本标准附录 A 格式填写"设备检修维护表"。

　　　　5) 关于电机的摆度,不管电机是否检修保养,安装前应测量电机的摆度,超过标准的要予以调整。

　　　　8) 水泵的验收报告,要提供相关的安装测量数据及运行状况,应满足水泵的安装标准。

4.2 电动机

4.2.2 电动机巡视检查应满足下列要求:

　　2 长期停用或检修后的机组进行试运行时应作好各项参数的详细记录,并与原始参数进行比较,对有差异的参数应查明原因。

　　3 遇有下列情况应增加巡视次数:

　　　　1) 恶劣天气是指如暴雨、雷电、大雾、大雪和湿度较高的阴潮天气。

4.2.6 电动机维护保养应满足下列要求:

　　2 维护保养应符合下列规定:

　　　　10) 恶劣环境是指长期发生高温、异常温差、潮湿、粉尘等情况的工作环境。

5 电气设备

5.1 变配电站

5.1.3 变配电站故障检修应满足下列要求：

3 电缆终端制作要注意接地线的焊接，不能损坏电缆内部的绝缘，并且要接地牢靠。

6 "四防一通"，即防火、防汛、防雨雪、防小动物、通风良好。

5.2 变压器

5.2.1 变压器常态性巡视检查应满足下列要求：

1 检查或值班人员熟悉变压器设备的各部件名称及原始工作状态。检查方法可采用目测法、耳听法、鼻嗅法、手触法。

    1）目测法：巡视人员用肉眼对设备的可见部位的外观变化进行观察。如变色、变形、位移、破裂、松动、打火冒烟、渗油漏油、断股断线、闪烁痕迹、异物搭挂、腐蚀污秽等。

    2）耳听法：巡视人员通过设备所发出的声响来判别。如绕组铁芯正常工作时会发出节律均匀和一定响度的"嗡嗡"声，绕组内部有"噼啪"的放电声，则可能是绕组绝缘有击穿现象；出现不均匀的电磁声，可能是铁芯的穿心螺栓或螺母有松动；等等。

    3）鼻嗅法：巡视人员可通过嗅觉来判别有无异味产生。如绝缘材料过热会发出臭橡胶味等。

    4）手触法：巡视人员可通过手触设备不带电部位来判别。如温度、振动等。

5.3 配电柜

5.3.4 0.4 kV配电柜常态性巡视检查应满足下列要求：

3 大容量抽屉式组合开关其开关操作手柄和抽屉操作手柄不在同一位置，相互之间又有关联，故检查时须注意开关操作手柄与抽屉操作手柄的位置关系。

5.5 高压变频器

5.5.1 高压变频器常态性巡视检查应满足下列要求：

1 环境条件应满足下列要求：

1)～4) 如环境条件较差，应将变频器室与外界隔离。

5.5.2 高压变频器定期维护保养应满足下列要求：

3 在做任何维护和保养检修工作之前，应按下列要求进行操作：

6) 防静电措施包括：

（1）在条件许可的情况下，对变频器内部元件（特别是线路板）进行维护或调换工作时，操作人员佩戴好接地良好的防静电腕套，腕套应接地。如无条件，在工作前先放去手上的静电（可以通过洗手或工作前手触摸带良好接地的金属部件等）。

（2）静电积累可通过与接地良好的金属接触而释放电荷。

（3）在运输或存放过程中应使用防静电袋子。

（4）在移动线路板时，应抓住板的边缘处，手不要触及线路板上的任何元部件。

（5）不要让线路板沿任何表面（如桌子或椅子）滑动，最好平放在防静电板面的桌子上操作，也可安放在包装线路板的防静电袋子上。

（6）应防止线路板与塑料、泡沫、乙烯和其他不导电的材料接触,这种材料极易产生静电,并且不容易释放。

（7）线路板需要焊接时,应使用具有接地端的电烙铁和吸锡器。

6 泵站辅助设备

6.3 泵站格栅除污机

6.3.1 格栅除污机周期性巡视检查应满足下列要求：

泵站中集水井中的大型垃圾由格栅除污机捞取，垃圾运输和压榨机进行配合压缩垃圾体积，便于输送装卸垃圾。对垃圾输送和压榨机进行周期性巡视检查时，除应完成常规的设备巡检任务外，还应适时开展格栅垃圾清除工作。

8 环境治理功能设施

8.1 截流设施

8.1.2 编制截流设施运行方案时应具备系统性思维,对纳入干线的截流水量宜根据地区系统管网水情统筹考虑。

8.1.4 由于目前本市排水管网水位普遍偏高,来水水质较差,同时末端污水厂余量较小,因此在中小雨天时,放江污染河道是主要矛盾,"应截尽截"有助于改善泵站运行效果;大雨天时,污水厂基本无余量,较少存在截流空间。

8.2 调蓄设施

8.2.3 控污初雨调蓄池主要功能为初雨调蓄,在现阶段管网来水水质相对恶劣情况下,存在旱天启用以降低管网污染物的应用可能,因此有旱天启用模式。提标调蓄池主要功能为错峰调蓄,不存在旱天启用模式。

8.2.5 一般情况下,调蓄池清淤时产生恶臭气味较大,建议管理单位提前做好与周边居民的沟通工作。

8.3 除臭设施

8.3.2 高能光离子除臭装置巡视检查、维护保养、操作应满足下列要求:

    5 高能光离子除臭装置有自动运行、手动运行和时间运行三种运行模式。平日运行,宜选择自动运行模式。

1） 自动运行模式:由 PLC 控制模块自动采集组合气体监测仪检测到的数据,并根据采集到的数据来控制风机运行功率和高能光量子灯管的开启数量,确保气体处理装置始终处于高效节能的运行状态。

2） 手动运行模式:脱离 PLC 控制模块的控制,人为控制风机运行状态、高能光量子灯管开启数量、水泵的开停。

3） 时间运行模式:PLC 控制模块停止采集组合气体监测仪检测到的数据,根据输入设定的运行时间段及停止运行时间段,自动开启运行和自动停止运行除臭设备。循环往复,可定时周期性运行。

8.3.3 生物滴滤除臭装置巡视检查、维护保养、操作应满足下列要求:

1 运行前检查生物滴滤除臭装置,并应符合下列规定:

2） 微生物生长繁殖需要营养,臭气中营养较少,为了保持足够数量的微生物,需要向滴滤液中添加一定量的营养物质。此外,需要根据微生物种类控制温度和湿度,保证微生物的活性。

8.4 来水简易净化设施

8.4.1 来水简易净化设施主要包括为减少泵站排放水体对河道环境影响,在站内外安装的集水井漂浮垃圾清捞装置、泵站排口垃圾拦截装置等。2021 年,上海市水务局提出推广排水系统"五个一点",其中包括在泵站集水井设置漂浮垃圾清捞装置,在排口设置垃圾拦截装置。经试点使用,发现该类装置确实起到了减少放江垃圾、美化河道环境的作用。

9 泵站自动化控制系统

9.4 PLC/RTU 控制柜

9.4.1 泵站运行时应对 PLC/RTU 控制柜进行周期性巡视检查,检查应满足下列要求:

    1 每日巡视内容包括:热备冗余系统检查应运行正常;电源系统、CPU 应运行良好,各指示灯显示正常;I/O 各模块应工作正常;PLC 网络系统应运行正常,通信模块良好;PLC/RTU 控制柜应散热良好,柜内应无异味。